抵抗の絆

Band of RESISTANCE

［文］
内田弘樹
［イラスト］
※Kome

イカロス出版

まえがき

良く知られているように、第二次世界大戦では、ドイツに占領されたヨーロッパ諸国……フランス、ポーランド、ユーゴスラヴィアや、日本に占領されたアジア諸国……フィリピンなどで民間人による抵抗組織（ゲリラ、レジスタンス、パルチザン）が結成され、占領国に対して勇敢に抵抗しました。

確かにこれは「よく知られた話」で、歴史の教科書でさえ紹介されています。

ですが、彼らがどのように組織され、どのように抵抗し、それが占領下の民衆にとって、どのようなメリットやデメリットがあったのかは、あまり詳しく語られていないように思います。

本書は、そうした枢軸国に占領された国々で、枢軸国に抵抗するために組織された勢力を紹介するものです。

抵抗組織の歴史は、時にその国の戦後の根幹をなす「神話」になることがあります。例えば、現在ロシアの侵略にさらされているウクライナでは、戦時中にソ連とドイツの双方に抵抗したウクライナ民族主義者の指導者であるステパン・バンデラが、他国からの侵略に対する抵抗の象徴、事実上の英雄として「再評価」されていると伝わります。

バンデラや当時のウクライナ民族主義者たちはナチス・ドイツとのコラボラシオン（対独協力）に関係しており、決して清廉潔白な存在ではありません。しかしそれでも、バンデラという存在は、戦時下のウクライナにおける「神話」となっているのです。

本書で紹介した抵抗組織のほとんどが、そうした「光」と「闇」の部分を持っています。枢軸国への抵抗という正義の戦いの中に生じた「光」と「闇」の双方を知ることが、昨今の厳しい世界情勢の中で、人々が、あるいは一個人が道を誤らないための一助となるのではないかと思っています。

お楽しみいただけると幸いです。

2025年2月　内田弘樹

目次

抵抗の絆
Band of RESISTANCE
【欧州編】

フランス・レジスタンス

〝神話と現実の境界〟

フランス敗北とヴィシー・フランスの成立

1940年5月、ドイツはフランスへの攻勢・「黄」作戦を発動、戦車部隊にアルデンヌ森林を突破させるという奇手でフランス本土になだれ込んだ。フランス軍はこのドイツ軍の攻撃を全く予想しておらず、主力をベルギー方面に向けていた。このため、フランス軍はアルデンヌを突破したドイツ軍に背後を襲われることになり、英仏海峡に向けて敗走した。この一戦でフランス軍は壊滅。6月14日、ドイツ軍は首都のパリに入城。翌日、フランスはドイツに休戦を申し込み、22日、かつての第一次大戦でドイツが連合国と休戦協定を結んだコンピエーニュの森に置かれた食堂車の中で、両国の休戦協定が結ばれた。

ドイツとしてはフランスの直接統治も可能だったが、ヒトラーはフランスをあえて独立国として維持し、その体面を(表面的に)重んじる政策を取った。フランスの国内世論を安定させてフランス人のドイツへの抵抗を抑え、同時にアフリカをはじめとする植民地の統治をこれまで通り続けさせるためだった。とはいえ、ドイツがフランスに要求した休戦条件は、国土の5分の3に当たる(首都パリを含む)フランス北部の占領、フランス軍の動員解除や経済協力の強制、膨大な額の賠償金の支払いなど、フランスにとって過酷そのものの内容と

1940年6月、ドイツに降伏したフランスは、北部および大西洋岸の西部がドイツ占領下に置かれ、中部と南部はヴィシーを首都とする主権国家「ヴィシー・フランス」として存続した。フランス領北アフリカ・西アフリカやレバノン、シリアといった植民地の一部はヴィシー・フランスを支持、その支配下にとどまっている。

なった。

フランスの首都は中部のヴィシーに移った。新政権を担うことになったのは、第一次大戦で活躍した将軍のフィリップ・ペタン元帥だった。ペタンは反共主義者で親ナチスの傾向がある人物だったが、同時に愛国者でもあり、ドイツに恭順の意を示すことでフランスを主権国家として生き残らせつつ、中立を堅持してドイツへの協力を最小限にとどめることでフランスの損失を減らすという方針を採った。一方、海外ではフランスのシャルル・ド・ゴール将軍が自由フランス政府を立ち上げ、自らの政府がフランスの正統的な国家であることを主張、イギリスの庇護の下でヴィシー政府と対決姿勢をあらわにした。

ド・ゴールは対独協力に批判的だったフランス市民の希望となったものの、フランス全体の世論としては、ようやく終わった戦争の再開を目指すド・ゴールの姿勢は批判的に受け取られていた。

フランス・レジスタンスの勃興

当初、フランスの対独抵抗は、勝者・占領者であるドイツへの反感を理由とする個人の嫌がらせとして始まった。フランス人は新たな戦争を望んでいなかったが、だからといってドイツ人に素直に屈服することをよしとはしない人間も多かったのである。

ドイツ人への嫌がらせは各地で横行したが、次第にそれはドイツ軍人への攻撃、あるいは連合国への情報提供、対独抵抗を呼びかけるパンフレットの頒布など、組織的かつ過激な方向にシフトしていった。ドイツ軍はこれを抑え込むために、様々な抵抗者たちを逮捕したり、時には見せしめのために殺したりしたが、そうした報復は抵抗者たちのさらなる増加に繋がった。だが、全体としてはいまだ抵抗は微弱であり、ドイツ軍の占領政策は盤石だった。

状況が変わるのは1941年夏、ドイツ軍がソ連に侵攻し、東部での戦いが開始された後だった。これにより、フランス降伏以前から地下に潜っていたフランス共産党が明確に対独抵抗の姿勢を打ち出した。フランス共産党はその名の通り共産主義者たちの左翼政党で、他の国よりも反ドイツ（反ファシズム）、ソ連支持の傾向が強かったが、1939年に独ソが不可侵条約を結ぶとその賛否を巡って内紛が起こり、さらにはフランス政府に非合法化され、党員は雌伏の時を過ごしていた。しかし、独ソ戦の開始によりドイツがソ連の敵となったことで、フランス共産党はドイツを明確に敵と認定、それに協力するヴィシー政府も敵と見なすことができた。

共産党の過激な抵抗は多くの共感を呼び、フランス全土で多数のレジスタンス組織が勃興するに至った。フランスの自治が及ぶ南部では「コンバ(闘争)」「リベラシオン・シュド(南部解放)」「フラン・ティルール(狙撃兵)」「テモアニャージ・クレティアン(キリスト者の証言)」などのグループが、ドイツ軍占領下の北部では「リベラシオン・ノール(北部解放)」「民事軍事組織(ＯＣＭ)」「国民戦線」などのグループが誕生した。ただし、その動きは統制されておらず、多数の小組織が個別に行動していたに過ぎなかった。

レジスタンスの統合とマキの台頭

フランスのレジスタンス群の転機は、１９４２年冬に訪れた。この時、フランスのレジスタンス群の統合を目指し、各地のレジスタンスの指導部と交渉を続けている男がいた。名前はジャン・ムーラン。１８９９年6月生まれで、フランス降伏時はウール＝エ＝ロワール県知事を務める公務員だった。

ムーランはフランスの降伏後、ドイツの横暴な占領体制に反感を抱き、イギリスに渡りド・ゴールと会談、自由フランス政府に本土のレジスタンス組織を統合する構想を語り、その前段階として本土のレジスタンス組織の統合を図るために再度フランスに戻って、エージェントとして各地を飛び回った。レジスタンス群の指導者たちは、本土を逃げ出したにも関わらず横柄な態度でレジスタンスに注文を伝えるド・ゴールを好意的に見ていなかったが、ムーランは粘り強く交渉を行い、統合のメリットを伝え続けた。ムーランの努力は実を結び、１９４２年10月に南部の「コンバ」と「リベラシオン」が合同組織「アルメー・セクレテ(秘密軍)」を立ち上げ、その後も各レジスタンスは連携と統合を繰り返していった。１９４３年5月27日には、ムーランと17人のレジスタンスのリーダーたちが集い、統合した指揮を行う「全国レジスタンス評議会」の第1回の秘密会合が開かれた。

全国レジスタンス評議会はド・ゴールの自由フランスの指揮下にあり、ここにムーランの夢は実現した。しかし、ムーランはその1カ月後の6月21日、ドイツのゲシュタポに逮捕され、拷問を受けた末に移動中に死亡した。

指揮系統の統一が曲がりなりにも進展するに従い、レジスタンスの人員も拡大し、大規模な攻撃も繰り返されるようになっていった。例えば１９４３年9月には、「統一レジスタンス運動」というレジスタンスのあるチームにより、シャロン＝シュル＝シーヌ(マルヌ県)の電力工場が爆破された。また、その頃には連合軍の大陸反攻への準備も開始され、レジスタンスたちはドイツ軍の情報を連合軍に提供したり、フランス本土に不時着した連合軍パイロットの保護やそのイギリスへの脱出の手助けをしたり、大陸反攻の開始と同時に行われる一斉蜂起に向けて武器や弾薬の貯蔵を進めたりした。

また、１９４３年には「マキ」と呼ばれる新たなレジスタン

マキのメンバーと言葉を交わすナンシー・ウェイク（1912年8月30日～2011年8月7日）。ニュージーランド出身で元ジャーナリストの彼女は、フランス降伏後よりレジスタンス活動に従事。1943年以降にイギリス特殊作戦執行部（SOE）の訓練を受け、1944年9月30日以降、マキの活動に参加した。彼女の任務はマキの武器調達・資産管理・兵員募集。部隊を率いてゲシュタポの支部やドイツ軍施設を襲うこともあり、素手でドイツ兵を殺害したという逸話もある。

ス組織も誕生した。マキという言葉は地中海沿岸の灌木《かんぼく》が密生した植生を意味しており、その名の通り森林地帯に拠点を置き、ドイツ軍に積極的な攻撃を仕掛けることをモットーとしていた。マキの発祥については謎が多いが、最も有名な話は、ヴィシー政府が行った労働者の強制徴用に反発した若者たちが、徴用を拒否して森に潜んだことが始まりと言われている。マキは森林を拠点としたために効果的なゲリラ戦の展開が可能で、かつ連合軍との航空機による連絡も容易であり、有力な武装組織として急速に各地で成長していった。ただ、森林地帯に潜み、積極的に攻撃を仕掛けるマキは東部戦線における赤軍パルチザンと同一の性質の勢力であり、ドイツ軍の反撃も苛烈にならざるをえなかった。例えば1944年3月には、連合軍からの補給物資の受け取りのためにグリエール高原を占領していたマキの集団500人以上を、第157予備歩兵師団をはじめとするドイツ軍4000人で包囲し、150人以上を殺害するという出来事が起きている。

また、こうしたレジスタンスの過激な行動は、いまだフランスの大多数の市民の共感を得ているとはいえず、多くの人々は本土に戦争が及び、自分たちの生活が再び破壊されることを恐れていた。

1944年2月1日、ド・ゴールは全国レジスタンス評議会のすべての組織を「フランス国内軍」に編入し、指揮系統を明確にした。

フランス解放とマキの死闘

1944年6月6日、連合軍は「オーバーロード」作戦を発動、大兵力でもってノルマンディーに上陸した。連合軍とドイツ軍はこの後1カ月以上にわたってノルマンディーで死闘を繰り広げたが、最後にはドイツ軍は戦線を突破され、ファレーズでの包囲戦を経てドイツ国境方面に総退却していった。

連合軍の大陸反攻の開始と同時に、フランス全土でレジスタンス組織が蜂起し、ドイツ軍への攻撃を開始した。ドイツ軍はレジスタンスの攻撃により、部隊の移動や物資の輸送を妨げられ、連合軍への対応により苦慮することになった。

レジスタンスの最大の晴れ舞台はパリ解放だった。連合軍がパリに接近しつつあった8月15日、パリのレジスタンスが一斉に蜂起。いくつもの重要な区画を占領した。しかし、ドイツ軍もその後、態勢を立て直し、反撃を開始した。両軍は休戦に同意したが、自然発生的に戦闘が再開。その後、自由フランス軍の第2機甲師団がレジスタンスの手引きでパリに突進して入城した。パリのドイツ軍は降伏し、フランスの首都は約4年ぶりに解放された。ただしこの後、パリではドイツ協力者となっていたフランス人へのリンチや殺害が横行した。

ドイツ軍のフランスからの総撤退が引き金となり、フランスの各地でレジスタンスの蜂起が続き、敗走するドイツ軍を攻撃した。多くの場合、ドイツ軍は防戦一方となったが、場合によってはドイツ軍の激しい反撃が行われ、その場合、多くのレジスタンスは敗北した。特にマキは実戦的な組織だったゆえにドイツ軍の掃討作戦の対象となり、膨大な犠牲が生じた。

また、東部戦線帰りのドイツ軍にとって、マキとその協力者は赤軍パルチザンとその協力者と似たようなもので、東部戦線と同様の苛烈な掃討が行われることとなった。例えば「オラドゥール村の虐殺」では、東部戦線帰りの第2SS装甲師団「ダス・ライヒ」がノルマンディーへの移動中にマキの攻撃と破壊工作に遭い、その協力者がオラドゥール村にいるというフランス人の密告を受けたことから、同師団は村民600人以上を殺害して村そのものを徹底的に破壊している。

　とはいえ、例外もあり、オーベルニュ地方のモン・ムシュで戦ったマキのように、大損害を被りながらもドイツ軍の包囲を突破し、その後も戦闘を継続する粘り強いマキもいた。なお、このマキの一部隊は、ニュージーランド出身の女性イギリス軍人、ナンシー・ウェイクに率いられていた。

1944年2月1日、全国レジスタンス評議会に参加していた各レジスタンス組織は、フランス国内軍に編入され、統一指揮の元で戦うこととなった。イラストは1944年8月15日～25日のパリの戦いで市街戦を戦うマキのメンバーたち。連合軍から供与されたM1917エンフィールドやステンガン、ドイツ軍から鹵獲したKar98kライフルを装備している。旗と腕章はフランス国内軍のシンボル、ロレーヌ十字を中央に描いた三色旗。

フランスにおけるドイツ軍とレジスタンスの死闘は、フランス全土が解放される1945年2月まで続いた。ペタンをはじめとするヴィシー政府はドイツに逃れたが、この時点で事実上崩壊しており、連合国もド・ゴールの自由フランスを正当なフランス政府として認めた。

フランスの解放後、各レジスタンスは新たなフランス政府によって武装解除された。この決定には共産党系のレジスタンスが激しく抵抗したが、ド・ゴールはこれらのレジスタンスが政治的勢力になることを嫌い、武装解除を断行した。

揺れ動く「神話」の評価

戦後、フランスではいわゆる「レジスタンス神話」と呼ばれる考え方が支配的となった。これは戦争中、フランスの市民の多くがドイツ軍に思想的・物理的に抵抗し、レジスタンスとなっていたという認識である。この神話は1970年代以降、ヴィシー政府とフランス市民による対独協力が明るみになることで否定されていったが、戦後の政局の混乱期においてもフランス人の意識を一つにまとめることに貢献した。また、マキをはじめとするレジスタンスの戦いについても、ドイツ軍に打撃を与えた半面、苛烈な報復を招いたり、さらにその報復としてドイツ軍に対して残虐な行為が行われたことも明らかになっていった。

レジスタンスの総数については諸説あるが、ある資料では「アクティブ」なレジスタンスを1942年末で約3万人、1944年夏では45万人とし、後者の数はフランスの成年人口の2%に当たるとしている。ただ、いつどれだけの数のフランス人がレジスタンスに参加したのかは判然としない。犠牲者の数についても様々な意見があり、よく知られている数は10万人となっている。

連合軍総司令官のアイゼンハワーは、戦後、フランスのレジスタンスの価値について、「正規軍の15個師団分に匹敵した」と評した。ただ、フランス・レジスタンスの客観的な評価については現在でも様々な論争が繰り広げられており、東部戦線の赤軍パルチザンのようにレジスタンスが作戦で主導的な立場を取ったり、長期にわたってドイツ軍を戦線後方に拘束したり、物流システムを単独で完全な麻《ま》痺《ひ》状態に陥らせたりといった成果がない以上、実情としては、レジスタンスに参加した人々に多大な功績があったことは認めつつ、アイゼンハワーの評価よりももう少し割り引いた辺りが適当な評価ではないか、と著者個人には思える。

ノルウェー・レジスタンス

〝武勇と幸運の星の下で〟

ノルウェーの占領とドイツの誤算

第二次大戦が始まった1939年の段階で、ノルウェーは中立を表明していた。

ノルウェーは1905年にノルウェー王国としてスウェーデンから独立した後、戦時における中立を外交の柱の一つとしていた。これは、ノルウェーがいまだ脆弱な新興国家だったため、また、地理的にヨーロッパで戦乱が起これば、ノルウェーが巻き込まれる危険性が高かったためである。第一次大戦においては、この方針を貫いたことで、ノルウェーは戦争から距離を置くことができていた。

ノルウェーはナチス・ドイツが開始した第二次大戦でも同様の方針を採るつもりだった。しかし、ポーランドが早期にドイツに屈服し、バルト海の制海権がドイツに握られたことで、状況はノルウェーにとって厳しいものとなる。

ノルウェーの隣国スウェーデンはノルウェーと同じように中立を表明していたが、同時にドイツの友好国でもあり、ドイツはスウェーデンから大量の鉄鉱石を輸入していた。スウェーデンからもたらされる鉄鉱石はバルト海を通じてドイツに向かったが、冬季にはスウェーデンの港湾が凍結してしまうため、ノルウェー経由で輸出が行われた。イギリスとフランスにとって、これは座視できない状況だった。ノルウェーが中立である限り、ドイツは安全なノルウェー近海の航路を利用して鉄鉱石を手に入れてしまう。

第二次大戦期の欧州方面とノルウェー

スカンジナビア半島の左側（西側）の国、ノルウェー。スウェーデンで産出する鉄鉱石を、ドイツへ冬季に輸送する際、ノルウェーの港が使用されたことから、にわかに戦略上の大きな意味を帯びた。ノルウェー沖では英独海軍による戦いも繰り広げられている。

1940年3月下旬、イギリスは「ウィルフレッド」作戦を発動、海軍にノルウェー近海への機雷封鎖を命じた。イギリスの首相チャーチルは、この作戦でドイツ側のノルウェーでの武力行使を引き起こし、それを理由にノルウェーに上陸、ドイツへの鉄鉱石の供給を停止させるつもりだった。

しかし4月、ドイツ軍は先手を打って「ヴェーゼル演習」作戦を発動。ノルウェーへの侵攻を開始した。ノルウェー軍は各地で果敢に戦ったが、質・量ともに優れるドイツ軍に各地で敗北。ドイツ軍は4月末までにノルウェー全土を占領した。

結果から見れば、ノルウェーを巡る軍事的な駆け引きはドイツの勝利に終わったが、ノルウェーの占領については、ドイツは大きな過ちを犯していた。

それはノルウェーの統治計画の欠如である。前述の通り、ノルウェー侵攻はドイツにとって戦争遂行のための資源獲得を主な目標として行われたため、ノルウェーの占領統治については戦闘の終盤に降伏を申し出るだろうノルウェー政府と交渉を行えばいい、という程度の認識しか持っていなかった。

しかし、実際にはドイツ軍のノルウェー侵攻からほどなくノルウェー政府はイギリスへ亡命しており、ドイツ軍はノルウェー占領後、その統治について交渉するべき相手を失っていた。また、ドイツはノルウェーの国庫の収奪を期待していたが、ノルウェー政府は国庫の金塊全てをイギリスに逃すことにも成功していた。ノルウェーの陸海軍も、少なからぬ戦力がイギリスに脱出していた。

ドイツは戦前から支援していたノルウェーの国家社会主義者、ヴィドクン・クヴィスリングを首相に据え、さらに国家全権委員ヨーゼフ・テアボーフェンを派遣して行政の掌握に努めたが、一時的に空白となった統治システムを再建するのは容易ではなかった。

ドイツ側の失策により、イギリスのノルウェー軍や、ノルウェー占領後も国内に潜伏していたノルウェー軍の残余は再編成の機会を得た。この幸運が、戦時中のノルウェーでのレジスタンス運動の活発化に繋がっていくのである。

ノルウェー軍の戦い

ノルウェー政府がイギリスに首尾よく脱出したことにより、イギリスに逃れたノルウェー軍は、自由フランスのような法的根拠の薄弱な「亡命政府」ではなく、正式なノルウェーの国軍として動くことができた。ノルウェー軍はイギリス軍の指揮下に置かれたものの、その財源はノルウェー政府であり、ノルウェー軍はイギリスの支援役として動くことになった。

ノルウェー軍にとり、まずもって重要なのは財源と人員の確保だった。

前者について、ノルウェーは大きな資産を保有していた。

すなわち、第二次大戦時、世界第4位の規模を誇っていたノルウェーの商船団であった。クヴィスリングは政権掌握後、すべてのノルウェー船舶にノルウェーかドイツ、あるいは中立国の港に寄港するよう命じたが、これに従った商船はほとんどなく、結果的に全体の6分の1が失われたに過ぎなかった。ノルウェーはこの海運隊を連合国の輸送に充てるなど切り盛りし、その収入で亡命者たちの生活やノルウェー軍の行動を保証することができた。

人材については、ノルウェー政府は海外のノルウェー出身者にも積極的にリクルートを行い、また、ノルウェー本土からもかなりの数の応召兵が北海を渡ってイギリスに辿り着いた。

商船隊の次に活躍したのが、ノルウェー海軍である。ノルウェーの降伏直後の1940年夏には、わずか15隻の艦艇しか実働状態になかったが、その後、所属艦艇の復帰やイギリス、アメリカからの供与により戦力を拡大し、1943年1月の段階で58隻が北極海のパトロールからペルシャ湾での掃海まで広範囲の作戦に従事した。1940年から1945年の間、ノルウェー海軍が運用した艦艇はのべ118隻にも上り、損失も27隻を数えた。

ノルウェー空軍(正確にはノルウェー陸海軍協同航空隊)はノルウェー海軍に準じる物的・人的優遇を受けた。1940年秋、カナダのトロントに「リトル・ノルウェー」と呼ばれる訓練キャンプが創設され、大戦中に4個の飛行中隊が編成された。4個飛行中隊は各地で活躍。このうち2個飛行中隊は1944年後半からヨーロッパ本土に渡り、地上支援に従事した。

ノルウェー軍の中でもっとも実働が遅れたのが陸軍で、1943年にようやく所期の目標だった兵力2500人を確保できた。この戦力は将来のノルウェー解放のために訓練を行いながら、イギリス本土の防衛部隊として終戦までスコットランドに駐留した。

このほかに、数百人がイギリスのイギリス特殊作戦執行部(SOE)に属し、様々な特殊作戦に従事した。後述するノルウェー本土のレジスタンスと特殊作戦を主導するイギリス軍の間を取り持ったのは彼らであり、多数の優秀な人材がノルウェー本土に送られ、ノルウェー沿岸での破壊工作、地元のレジスタンスとの連絡やその訓練、武器支援、無線交信などに活躍した。彼らが参加した作戦のいくつかは、現在のノルウェー軍部隊の名称に使われている。また、スウェーデンでは亡命ノルウェー人で編成された警察軍が編成され、大戦終盤、ノルウェー北端のフィンマルク解放の戦いで活躍した。

国内レジスタンスの戦い

ノルウェー国内の抵抗運動は1940年の夏から秋にかけ

て開始された。

当初、ノルウェーでは小規模な軍事・非軍事の抵抗組織が乱立し、それぞれに独自の行動を行っていたが、1941年を通じて統合が図られ、有機的な行動が行えるようになった。

ノルウェーの抵抗組織は大きく分けて二つがあった。軍事抵抗組織の「ミロルグ」と、非軍事抵抗組織の「シヴォルグ」である。もっとも、両者はともに多数の小~中規模の抵抗組織の集合体であり、完全な統制が取れているわけでもなかった。また、この二つとは別に、ノルウェー共産党を母体とする抵抗組織が別個に動いていた。

「ミロルグ」はノルウェーの降伏前からオスロ大学の学生たちに軍事教練を行っていたクヌート・モーエンに率いられた。大戦終結時の人数は4万人と言われている。

当初、「ミロルグ」の活動は積極的なものではなかった。というのも、「ミロルグ」は武装組織であったものの、自分たちが破壊工作を行った場合にドイツ軍が行うだろう民間への報復を意識せざるを得なかったからだ。1941年11月、ノルウェー政府は「ミロルグ」を第四の軍、つまりは正規軍として規定し、その軍事行動に外交上の正当性を与えたものの、それをどう解釈するかはドイツ軍次第だった。また、ノルウェー政府も、レジスタンスによる積極的な軍事行動がドイツの報復を呼び起こすことを懸念し、「ミロルグ」にこれを控えるよう命じていた。

このため「ミロルグ」の活動は、イギリスから派遣されたノルウェー軍特殊部隊やイギリスのSOEと協同しての特殊工作・情報収集が主になった。連合軍が主力となる作戦の支援であれば、民間人が報復を受ける恐れは少ない。「ミロルグ」が他国のレジスタンスやパルチザンと同じようにノルウェーの森林地帯にキャンプを設け、実戦部隊の編成と訓練を行うのは1944年の夏以降で、これもイギリスからの物資の空輸が始まってからのことだった。「ミロルグ」が積極的な破壊工作を行うのは、オランダでの「マーケット・ガーデン」作戦が失敗に終わって戦争の1944年内の終結が絶望的となった後で、その攻撃も鉄道や道路の破壊など、ドイツ軍の移動の妨害に焦点が置かれた。

「ミロルグ」とノルウェー軍、そしてSOEの協同による特殊作戦は大きな戦果を挙げた。特にノルウェー沿岸部への破壊工作は頻繁に行われ、これは1943年以降のドイツ側に、ノルウェーへの連合軍の上陸が差し迫ったものであるという誤解を与えた。このためドイツ軍はノルウェー防衛のために、少なくない兵力を配置する必要に迫られた。これは大陸反攻が実施されたフランスや低地諸国へのドイツ軍の兵力を相対的に減らす効果を生み出した。

一連の特殊作戦の中でもっとも華々しい成果を挙げたのが、

ノルウェーの首都オスロの西方約160㎞にある、ヴェモルクに存在したノルスク・ハイドロ重水工場の破壊作戦である。

この工場は1934年にノルスク・ハイドロ社が世界に先駆けて建設した重水工場で、ドイツはノルウェー占領時に無傷でこれを入手し、原子爆弾の研究・開発に必要な重水の製造を可能としていた。ヴェモルクの工場は峡谷地帯にあり、冬季には降雪と悪天候が相まって自然の要塞と化していた。

1943年2月末、SOEはノルスク・ハイドロ重水工場の破壊を目指す「ガンナーサイド」作戦を開始した。空襲が困難な目標だったため、工場の破壊には特殊部隊の潜入が選択

ノルウェー軍や英SOEとの協同で実施された一連のノルスク・ハイドロ重水工場の破壊作戦は、ノルウェー・レジスタンスの挙げた戦果の中でも特に知られている。イラストはノルウェー南部、ヴェモルクの重水工場を目指すノルウェー軍特殊部隊(の女体化)。この"ナチスの原爆製造を未然に防いだ"作戦は、後に映画『テレマークの要塞』、ドラマ『ヘビー・ウォーター・ウォー』などの題材ともなっている。

された。工作部隊のリーダーには、SOEで特殊作戦の訓練を受けた青年ヨアキム・ルンネバルグが選ばれた。パラシュート降下でノルウェーの地を踏んだ工作部隊は厳しい訓練と持ち前の登山・スキーの能力を生かして冬の峡谷を突破、工場に爆薬を仕掛けてこれを破壊し、その後、全員がドイツ軍に捕まることなく無事に脱出した。この攻撃で重水工場は完全に停止し、残されていた重水の備蓄も失われた。実際には、たとえドイツが重水工場を終戦まで常時稼働させていたとしても原爆製造に必要な重水を製造することは不可能だったと言われているが、作戦の見事な成功により、この「ガンナーサイド」作戦はノルウェー解放への象徴的な戦いとなった。

ノルウェー漁船による「シェトランド・バス」

純粋な軍組織ではないものの、ノルウェーの抵抗で重要な役割を果たしたのが、「シェトランド・バス」と呼ばれるノルウェーの漁船とその持ち主たちである。彼らはノルウェー軍や「ミロルグ」に協力し、漁船でノルウェー沿岸とイギリスとの間を……つまりは北海を渡り、ノルウェーに武器、無線機、諜報員、指導教官などを運び、イギリスにノルウェー本土の難民や特殊任務を終えた工作員などを送り届けるという仕事をこなした。言うまでもなく危険な任務であり、ドイツ軍に発見されれば攻撃を受けたり、家族や友人が報復の対象になったりする可能性もあった。

1940年秋、SOEの下で「シェトランド・バス」が編成され、30隻以上のノルウェー漁船が徴用され、終戦までに200回以上の航海を行った。このうち10隻の漁船が失われ、44人の漁船員と66人の難民が失われている。この大きな犠牲により、大戦後半には3隻の哨戒艇が配備され、任務の新たな主力となった。「シェトランド・バス」の本拠地は、英国領シェトランド諸島の漁村スカロウェイに置かれた。現在、スカロウェイには「シェトランド・バス」の功績を称え、現地の博物館内にシェトランド・バス記念碑が設けられている。この記念碑は、亡くなった44人の漁船員の出身地から運ばれた石で建てられている。

1945年5月、ドイツが連合国に降伏した時点で、いまだノルウェーはドイツの支配下にあった。しかし、5月半ばからノルウェー軍をはじめとする連合軍がノルウェーに上陸し、ノルウェーは順次解放されていった。

大戦末期、「ミロルグ」はドイツの対レジスタンス部隊と幾度か交戦したが、大部分は森にこもったままで終戦を迎えた。クヴィスリングは逮捕後に銃殺刑とされ、テアボーフェンは8日にダイナマイトで自爆した。

全般的に言って、ノルウェーは軍、レジスタンスともに連合軍内での分別をわきまえて戦い、戦況全般に寄与したと言えるだろう。とはいえ、ノルウェーはドイツにとって丁重に扱うべき西欧文明諸国の一員であり、残虐無残な統治が行われた東欧の状況とは全く状況が異なる。「武運と幸運の星の下にあった戦場」というのが、ノルウェーのレジスタンス戦の総評としてふさわしいのではないだろうか。

ノルウェー漁船を用い、ドイツ占領下のノルウェーへ物資や人員を送り込む「シェトランド・バス」作戦が、英SOE主導の下、実施された。イラストはノルウェー漁船に物資の積み込んでいるシーン。本作戦をリーダーとして指揮したノルウェー海軍軍人、レイフ・ラーセン（愛称は“シェトランド・ラーセン”）はその功績を讃えられ、英国の殊功勲章（DSO）をはじめ多くの栄誉を受けた。

デンマーク・レジスタンス

〝幸運か、はたまた血の代価か〟

デンマークの降伏

デンマークは北ヨーロッパに位置する小国の一つである。ドイツの北部にあるユトランド半島の大部分と周辺の島々、そして自治権を有するグリーンランドとフェロー諸島などから成り立っている。伝統的な王国で、14世紀後半にはマルグレーテ1世の統治下でデンマーク・スウェーデン・ノルウェーの三国を支配する大国となったが、その後、度重なる戦争での敗北により、現在の小国の立ち位置となった。ナポレオン戦争後から長きにわたって、立憲君主制を維持している。

ドイツやフランス、イギリス、ロシア(ソ連)といった大国と比べて人口と面積で劣るデンマークにとって、安全保障の問題は常に難題だった。ヨーロッパで戦争が始まることは、すなわちデンマーク単独では阻止しえない戦禍に巻き込まれることを意味しているからだった。このため、デンマークの基本的な外交姿勢は国内外の平和の維持にあった。

第一次大戦時、デンマークはこの方針に従って中立を宣言した。ノルウェー・スウェーデンもこれに連携。ドイツやイ

第二次大戦期の欧州方面とデンマーク

ユトランド半島と周辺の島々を領土とするデンマーク。ドイツとは半島南部で国境を接しているが、ここは19世紀半ば以降、シュレースヴィヒ＝ホルシュタイン問題の係争地となっている。第一次大戦後、ドイツ帝国領だったシュレースヴィヒ地方で住民投票が行われ、北部がデンマークに帰属、中部と南部がドイツに帰属することとなり、現在に至る。

ギリスはこれを尊重し、どうにか北欧三国は戦争から巻き込まれずに済んだ。しかし、そのせいでデンマークは、地続きの、つまりは最も侵攻を恐れなければならない相手であるドイツの外交要求を受け入れざるを得なくなり、それはイギリスの感情を悪化させ、終戦まで続く事実上の経済封鎖を招いた。

第二次大戦の勃発は、そんなデンマークにとって再びの危機だった。デンマークは第一次大戦時と同じように中立を表明、戦争の惨禍から逃れようとした。開戦当初、ドイツもこれを尊重した。しかし、1939年末にドイツ本土の海上封鎖のためにイギリスがノルウェーを占領する気配が生じると、それを阻止するためにドイツもノルウェー侵攻を計画することになり、その跳躍台としてデンマークの確保が求められることになった。

ドイツ軍は1940年1月に「ヴェーザー演習」と名付けられたデンマーク・ノルウェー占領作戦を立案した。

4月9日、ドイツ軍は北部国境を越えてデンマーク侵攻を開始した。事前にドイツ側から通達を受けていたデンマーク政府は、ドイツに対する抵抗は国民の被害を大きくするだけと判断。交戦開始からわずか数時間で、国内の政治的独立の保持を条件にドイツに降伏を申し出た。デンマーク軍は開戦から戦闘停止までの間に16人の戦死者と20人の負傷者を出し、航空機20機以上が破壊された。

「モデル占領国」の下で

ドイツの占領下となったデンマークだったが、その状況は、他のドイツ占領国とはかなり違うものとなった。

ドイツは早期に降伏したデンマークを讃え、穏健な占領を行うことになった。ヒトラーはデンマークの存続を認め、デンマーク王室も首都コペンハーゲンに留まることを許した。ドイツはデンマークを「モデル占領国」として高く評価した。

一方、デンマークはドイツの占領を受け入れたことで連合

騎馬でコペンハーゲン市街へ繰り出すクリスチャン10世（写真左）。1940年9月26日撮影

国との間の物流が絶たれ、経済的な困難に見舞われることが確実となった。デンマークは農業国であり、自給自足が行えたが、その農産物の多くはドイツだけでなくイギリスなどの海外に売られていた。この難局を乗り越えるため、デンマークでは与党の社会民主党に野党の自由党と保守国民党を加えた挙国一致内閣が成立した。

案の定、経済状況は瞬く間に悪化し、平均失業率は20%を超え、主要な食料は配給制となった。また、デンマークはドイツとの防共協定に参加し、多数の義勇兵が戦争に参加することになった。

こうした世相の中、国民にとって希望の象徴となったのは当時の国王、クリスチャン10世である。クリスチャン10世はドイツ占領下で不安を抱く国民を勇気づけるため、約70歳という高齢にも関わらず、毎日のように首都コペンハーゲンの市街へ騎馬で繰り出し、人々と言葉を交わした。元々、立憲君主制で象徴的な意味合いが強く、それゆえに国民に人気のあったクリスチャン10世だったが、この大戦中のふるまいによりさらに人気が高まり、国民の抵抗の意志の象徴ともなった。

彼はまた、デンマーク王宮・クリスチャンスボー城に掲げられたナチス旗に対して抗議し、ドイツの将軍に「(もしもドイツ軍が、デンマーク国旗を再び掲揚しようとする兵士を射殺するのなら)私がその最初の兵士になろう」と言い、実際に旗を撤去させたというエピソードがある。

デンマーク政府はドイツに恭順を示す傍らで、自由デンマーク協議会を設立、秘密裡に連合国と協力する活動に着手した。開戦時、世界中にいたデンマーク商船の4割が連合国に提供され、3000人の船員たちもそれに加わった。

また、1940年4月には、デンマーク軍の情報部がストックホルムの英国公館を通じてイギリスとの連絡手段を確立。デンマーク軍はイギリスからの要望により、ドイツ内部の政治情勢や軍部隊の場所と規模、大西洋沿岸の要塞の情報などを探り、イギリスに伝達した。この情報はイギリス軍に利用され、デンマークの解放後、バーナード・モントゴメリー元帥は、デンマークで収集された情報を「誰にも負けない」質のものだと評した。デンマークからもたらされた情報は、イギリスの特殊作戦執行部(SOE)の特殊作戦にも活用されている。

ドイツによる占領政策が穏当なものだったことから、デンマークでのレジスタンス運動は低調だったが、1941年夏にドイツ軍がソ連と戦端を開くと、占領軍に活動を禁止されていた共産党員たちが動きを活発化し、いくつもの抵抗グループを形成した。彼らは「自由デンマーク」という非合法新聞を発行し、1942年4月にはサボタージュのキャンペーンを開始。共産党系のレジスタンス・グループとしては「市民パルチザン」と呼ばれるグループがスペイン内戦参加者たちを中心に形成され、小火器やモロトフ・カクテル（火炎瓶）などで武装し、工場の襲撃を行った。

また、これとは別に「チャーチル・グループ」と呼ばれる少年少女たちによる反ドイツサークルも活動し、ドイツ軍への嫌がらせを行った。しかし、こちらは「抵抗運動」と呼ぶにはおこがましい小規模なもので、ドイツ軍の占領が穏やかなデンマークでなければ成立しない活動だった。

ドイツ占領下のデンマークの首都・コペンハーゲンにて、騎馬姿で街中を往来するクリスチャン10世（の女体化）。国王自ら市民と親しみ、その姿を見せることでデンマークの独立を印象づけた。クリスチャン10世はデンマークにおけるドイツに対する有形無形の抵抗の象徴となったが、1942年に落馬事故に遭い、その後は病床に就くことが多くなった。戦後の1947年4月20日に死去（享年76）。

デンマークの占領と抵抗運動の始まり

デンマークでの潮目が変わったのは1942年夏以降、ドイツ軍の敗北が伝えられるようになってからだった。

序曲となったのは、1942年9月に起こった「電報危機」だった。これはドイツのヒトラーが、デンマーク国王クリスチャン10世の誕生日に送った長文の祝電に、クリスチャン10世が極めて短い返電しか送らなかったことにヒトラーが激怒し、デンマーク大使を召還したという異例の事件だった。ドイツは態度を硬化させ、フランスで多数のユダヤ人を強制収容所送りにしたヴェルナー・ベスト親衛隊中将を、デンマーク駐在全権として派遣した。デンマーク国内の対独感情も悪化していった。

1943年になるとドイツの前線での敗北が伝えられ、それを受けて、ストやサボタージュが極度に増加。1000以上の施設が爆破され、その5分の1が鉄道を狙ったものだった。夏には「8月の蜂起」と呼ばれる大規模なストが決行され、国内は騒然たる状況となった。

政府は国民に自制を要望し、駐留するドイツ軍も目立った動きは見せなかったが、このままではデンマークの状況は制御不能になる可能性が高かった。ドイツ軍はデンマークにサボタージュと武器所有者に対する死刑の導入を要求したが、デンマーク政府はこれを拒否。ドイツ軍はデンマークに戒厳令を敷き、全土の占領を図った。デンマークの政権は総辞職し、ドイツ軍の軍政が敷かれた。

この状況下、デンマーク軍のほとんどは目立った抵抗を見せなかったが、唯一、海軍だけは全艦の自沈を図った。ドイツ軍の再利用を阻止するためだ。

ドイツ軍もこのデンマーク海軍の動きを予想し、「サファリ」作戦と呼ばれる計画に従って各軍港に早急に軍を向かわせた。結果、デンマーク海軍の大型艦艇50隻のうち、32隻が自沈に成功、14隻が鹵獲《ろかく》された。小型艦艇は9隻がスウェーデンへの脱出に成功し、50隻が鹵獲された。このうち、デンマーク海軍の主力だった海防戦艦「ピーザ・スクラム」(常備排水量3785トン)および「ニールス・ユール」(基準排水量3800トン)は、ドイツによって砲術練習艦に改装されたが、いずれも連合軍によって終戦までに撃沈されている。

また、ドイツ軍の占領により、デンマーク国内のユダヤ人たちも危機を迎えた。デンマークには約8000人のユダヤ人が住んでいたが、行政が完全にドイツ軍に牛耳られた以上、いつ他国のような過酷なユダヤ人政策が行われるか分からなかった。デンマーク政府とレジスタンスはすぐさまユダヤ人たちに警告を発し、スウェーデン政府と交渉して避難の段取りを整えた。ユダヤ人たちは脱出を開始して沿岸部にたどり

デンマークにドイツ軍の軍政が敷かれると、ナチス・ドイツ当局による在デンマークのユダヤ人に対する弾圧が予想された。そこで、デンマーク政府およびレジスタンスが協力し、ユダヤ人たちを中立国スウェーデンに逃がすことを画策。地元の漁師たちの手も借りて、多数のユダヤ人たちが海を渡ってスウェーデンに至った。イラストは漁船にユダヤ人たちを乗せるデンマーク人漁師。

着き、その後、各港湾の漁師たちの助けにより、二週間足らずのうちに、約7200人のユダヤ人と非ユダヤ人の親戚約700人がスウェーデンに逃れることができた。

だが、すべてのユダヤ人を救えたわけではなく、その後、国内に残った約500人のユダヤ人が捕縛され、チェコスロヴァキアの収容所に送られた。ただし、デンマーク政府の圧力により、約450人が終戦まで生き残った。

ドイツ軍の占領下、国家規模でユダヤ人の大半を守り抜いたのは、全欧州を見渡してもこのデンマークのみであり、この運動はイスラエルのホロコースト記念館「ヤド・ヴァシェム」に高く評価されている。

ドイツ軍の占領を受け、国内の反ドイツ感情はさらなる高まりを見せた。1943年9月、それまで別個に小規模なテロやサボタージュを行ってきた各レジスタンス・グループは統合され、「デンマーク自由評議会」が設立された。レジスタンスには1944年で2万人、1945年には5万人のデンマーク人が加わったと言われる。彼らはデンマークの各所で多数のテロやサボタージュを行い、ドイツ軍の占領政策を混乱させた。

ドイツ軍はこれに夜間外出禁止令を出すことで対抗したが、1944年7月半ばには、戦時中最大のストが首都コペンハーゲンなどで決行され、デンマーク各地のインフラが切断された。ドイツ軍は市民とのにらみ合いの末に妥協を選択し、夜間外出禁止令の撤廃を表明した。

これも他国であれば稀有な事例だが、このストのさなかにはノルマンディーでドイツ軍が連合軍を迎え撃っており、その最中にデンマークのインフラが破綻するのはドイツ軍としても手痛い状況だったということだろう。また、1945年3月21日には、「カルタゴ」作戦と呼ばれる、イギリス空軍のモスキート爆撃機によるコペンハーゲンのゲシュタポ本部空爆作戦が実施され、同地に幽閉されていたレジスタンス18人が脱出に成功している。


終戦までにデンマークのレジスタンスは約800人が失われた。俯瞰すれば、デンマークのレジスタンス運動はドイツ軍の穏便な占領政策に支えられたもので、他国と比べれば「ぬるま湯」の感はあるものの、この状況を利用したドイツ占領下のヨーロッパにおける情報収集の分野では大きな戦果を挙げ、また、ユダヤ人の脱出についても9割5分の確率で成功している。国土や国民の保全にも成功していることを考えれば、十分に敢闘したと言えるだろう。

英空軍はモスキートによりコペンハーゲンのゲシュタポ本部を攻撃する「カルタゴ」作戦を実施した。これによりレジスタンス18人が脱出したが、レジスタンス8人とゲシュタポのデンマーク人職員47人が死亡、誤爆により民間人125人(寄宿学校生徒86人を含む)も犠牲になっている

イタリア・パルチザン❶

〝テロリストか英雄か〟

イタリアの降伏

1943年春、イタリアの戦局と政局は大きく揺らいでいた。

まず、戦局としては、1942年の夏にドイツ・アフリカ軍団がエル・アラメインの戦いに敗北してリビアへ撤退、さらに11月にモロッコ、チュニジアに連合軍が上陸し、1943年5月までに北アフリカの全軍27万が降伏したことで急展開を迎えていた。北アフリカの喪失はすなわち、連合軍のシチリア島およびイタリア本土への上陸がほぼ確実となったことを意味しており、いずれイタリア市民が直接戦火に晒されることも示していた。

一方、政局としては、首都ローマにおいて、イタリアの国家指導者ベニート・ムッソリーニの排除が検討されていた。当時のイタリアでは、1922年に国王ヴィットーリオ・エマヌエーレ三世の承認の下に政権を奪った国家ファシスト党とその党首、ムッソリーニが独裁権を掌握していたが、戦況の悪化を受けて、ムッソリーニは自身の独裁制の強化を図ろうとしており、これに抗するためヴィットーリオ・エマヌエーレ三世とファシスト党の反ムッソリーニ派がムッソリーニを失脚させ、軍の統帥権を国王に戻そうとしたのだった。また、ヴィットーリオ・エマヌエーレ三世は国民を本土決戦に巻き

イタリアは第二次大戦前の1939年4月にアルバニアを併合した。第二次大戦勃発後、1940年6月のフランス降伏前には対仏宣戦布告してフランス南東部に進駐した。同年9月にはイタリア領リビアからエジプトへ、10月にはアルバニアからギリシャへ侵攻している。

込むのを避けるため、連合国との講和も模索しており、そのための外交を要人たちに命じていた。

事情を知る軍人たちの多くもその動きに同調していた。多くのイタリア国民にとって、この戦争は「ムッソリーニの始めた戦争」という認識が強く、市民、そして軍の士気は低下しており、これ以上の戦争継続の意味は見出せなかったからである。しかし、イタリア国内にはドイツ軍部隊が駐留しており、単独講和を行う場合はこれにどう対処するかが問題となっていた。ドイツ側もイタリアの寝返りを警戒しており、その場合の作戦計画も立案していた。

7月10日、連合軍はシチリア島に上陸。イタリア本土が戦場となることが確定した。

同24日、ヴェネツィアで開かれたファシズム評議会において、ムッソリーニはファシスト党の反ムッソリーニ派から糾弾され、国王から解任と党の解体を申し渡された。ムッソリーニの後を継いだのは王党派のピエトロ・バドリオ元帥で、彼はドイツにはイタリアが戦争を継続することを示しつつ、裏では連合国との交渉を本格化させ、無傷の戦争離脱を目指した。ドイツ軍の報復を避けるためには、連合軍がイタリア本土に上陸し、ドイツ軍と交戦を開始した直後に講和——連合国への降伏を成立させることが望ましい……だが、連合国側の思惑もあり、交渉は困難と混乱を極めた。

第二次大戦時のイタリア国王、ヴィットーリオ・エマヌエーレ三世。イタリア降伏後、南部のブリンディシへ逃れ、“国民を見捨てた”とも見なされている

解任されたムッソリーニの後を継ぎ、国王から首相に任命されたピエトロ・バドリオ元帥。ドイツ軍がローマに迫ると、国王一家とともに夜逃げ同然に南部へ逃れた

9月3日、連合国はイタリア本土南端のカラブリア半島に上陸。イタリア本土の早期確保を狙う連合国の要求に圧される形で、バドリオ政権は9月8日に連合国への降伏を通達した。だが、バドリオの声明は多くのイタリア軍にとって寝耳の水の出来事で、各地に混乱が生じた。また、この状況を予想していたドイツ軍は、イタリアに駐留していた各部隊にイタ

リア全土の占領とイタリア軍の武装解除を命じた。バドリオ政権はローマを守るために連合軍のローマへの展開を望んだがそれは果たされず、バドリオ政権と国王はドイツによる捕縛を避けるため、連合軍占領下の南イタリアに逃れた。

かくしてイタリアは連合国への降伏に成功したものの、全土はほぼドイツの支配下となり、軍も事実上崩壊した。グラン・サッソに幽閉されたムッソリーニもヒトラーの派遣したスコルツェニー率いるコマンド部隊によって救出され（「柏（アイヒェ）」作戦）、北イタリアにはムッソリーニを首班とするイタリア社会共和国（RSI）がドイツの傀儡《かいらい》として成立した。

RSIは首都をサロに置いたためにサロ共和国とも呼ばれた。RSIはすぐさまイタリア軍や黒シャツ隊のような民兵部隊を再編し、前線や後方に投入した。また、ドイツも親衛隊を送り込み、イタリアでの治安維持活動を開始した。

イタリア本土の戦いの始まり

イタリアの降伏からドイツによる占領、イタリア社会共和国建国への流れは、戦争からの完全な離脱を願っていた市民や軍人たちにとって、全く許容できないものだった。特に、祖国を武力で占領したドイツ軍への怒りは大きく、多くの市民や元兵士がドイツへの抵抗の道を選んだ（イタリア社会共和国は約18万の青年に召集を命じており、これを回避するためにパルチザンに逃れたものも多かった）。

また、ファシスト党が消滅し、その後を任されたバドリオ政権がローマから脱出したことで、ローマでは政治的な空白が生じていた。この空白を埋めるようにファシスト政権下で弾圧されていた他の政党が息を吹き返した。各政党はイデオロギー上で対立していたが、「反ファシスト」という点で利害が一致しており、かつ、現在のバドリオ政権による王党派による政権を覆し、自由選挙による民主的な政治を望んでいた。

この二つを達成するためには、イタリア全土の武力による解放と、戦後に自らの正当性を訴えるに足る実績……目に見える戦果が必要だった。なお、この「各政党」とは具体的に言

1943年9月、イタリア降伏に伴い、ミラノを占領した第1SS装甲師団「ライプシュタンダルテ・SS・アドルフ・ヒトラー」のⅣ号戦車

えば、イタリア共産党、行動党、社会主義党、キリスト教民主党などである。彼らは長年の反ファシスト闘争により同志としての意識も高く、歩調を合わせることができた。

バドリオが停戦条件受諾を宣言した翌日の9月9日、イタリアの各政党は国民解放委員会(CLN)を設立した。ドイツに占領されたイタリア本土での武力・政治闘争を統率し、本土を一刻も早く奪還、そして民主的なイタリアを復活させることを目的としていた。CLNのリーダーには元首相で社会主義党のイヴァボエ・ボノーミが就任した。

9月10日、ローマ近郊に展開していたドイツ第2降下猟兵師団と第3装甲師団の約2万5000人は、ローマを占領するべく市街への突入を図った。一方、イタリア陸軍も混乱の中でローマ防衛を果たすべく4個歩兵師団、2個戦車師団を主力とする10万の兵力をローマに展開させた。両軍はサン・パオロ門広場を中心に激戦を繰り広げたが、ローマがドイツ軍に包囲された状況ではイタリア側に勝機はなく、2日後に全軍が降伏した。

この戦いでドイツ軍は約100人の死者を出したが、イタリア側は650人の兵士、350人の一般市民の死者を出し、大きな損害を被った。だがこの戦いは、イタリアがドイツに屈服しないことを示す出来事として、イタリアにおける抵抗運動の狼煙《のろし》となった。

さらに9月27日から30日までの間には、イタリア半島南部のナポリで、市民の蜂起により連合軍の到着に先立ってドイツ軍に撤退を強いるという事件が起きていた。

元々、ナポリでは連合軍の空襲等により7000名以上の死傷者が生じており、市民に厭戦《えんせん》気分が広まっていた。さらに、イタリア政府の降伏以降は行き場を失ったイタリア兵が流れ着いており、混乱した状況にあった。その状況でドイツ軍がナポリの占領に向けて市街地の接収と外出の禁止などの強権を発動したため、これに学生を中心とする市民が反発、武力衝突が生じ、大きな暴動に繋がったのだった。

市街では激戦が展開されたが、ドイツ側が数的に大きく劣勢だったこと、市街戦と前後して連合軍が上陸したサレルノでの防衛ラインが崩壊し、連合軍がナポリに突入してくることが予想されたためにドイツ軍が浮き足立っていたこともあり、9月30日、ドイツ軍がナポリから退き、戦いは市民の勝利に終わった。この事件は「ナポリの4日間」の名で知られている。

イタリア・パルチザンの陣容

イタリアの非ファシスト政党にとって、パルチザンによる武力闘争は伝統的な政治手段だった。特に、その中でも中心的な派閥となったイタリア共産党は、かつてのスペイン内戦で多数の共産主義者の義勇兵を送り出しており（ガリバルディ大隊）、武力闘争のノウハウを豊富に持っていた。このため、イタリア本土でのパルチザン戦では、スペイン帰りの元義勇兵たちが大いに活躍することになる。

　イタリア・パルチザンがどのように編成されていったのかを事細かに語るのは難しい。何故ならば、多くのパルチザンが市民が自発的に武器を取ることで五月雨《さみだれ》式に誕生していったからだ。例えば、次節で詳しく紹介するパルチザン部隊「ステラ・ロッサ（赤い星）」のリーダー、マルコ・〝ルッポ〟・ムソルシ（〝ルッポ〟はイタリア語で「オオカミ」の意）は元々、反

ドイツ軍に対するパルチザンとして共闘する「ステラ・ロッサ」のリーダー、マルコ・“ルッポ”・ムソルシ（右）と、「ガリバルディ」旅団の兵士（の女体化）。オオカミを意味する中二病的な二つ名を名乗るムソルシは、オオカミ耳を持つケモノっ子だ。

ファシスト意識の強かった元イタリア陸軍の軍人で、ローマでドイツ軍と戦った後、故郷である北イタリアのボローニャで地元の仲間たちと部隊を編成、捕虜収容所から脱走したイギリス兵士の捕虜たちも加え、最終的に８００人程度の勢力となっている。

こうしたパルチザン部隊は１９４３年秋から１９４４年夏にかけてイタリア中北部に次々と誕生し、そして次第にＣＬＮの指導の下に組み込まれていった。

ＣＬＮを構成する各政党は自らのイデオロギーに同調するパルチザンに、それと分かる名称を付けていった。例えば、共産党であれば「ガリバルディ」旅団、行動党であれば「正義と自由」旅団、イタリア社会主義党であれば「マッテオッティ」旅団、イタリア・キリスト教民主党なら「緑の炎」旅団……という具合である。これらのパルチザンは山岳での武力闘争を主な戦術としていた。

なお、これらの部隊の名称は「旅団」であるものの、実際の人員の数はまちまちで、中には数十人のパルチザンで「旅団」を名乗った部隊もある。彼らの多くは赤いスカーフを首に巻き、自らの政治的な立場を示した。この中でも最大派閥は共産党の「ガリバルディ」旅団で、最終的にパルチザン全体の半数におよぶ５００個以上の旅団がイタリア本土で活動した。

この他のパルチザンとしては「独立派」旅団と呼ばれる部隊も存在した。「独立派」旅団は元イタリア軍の兵士たちで構成されており、現政府(バドリオ政権)に忠誠を誓い、特定のイデオロギーを持たない、純粋な戦闘部隊として成立していた。人員はイタリアの降伏と同時に崩壊したフランス・プロヴァンス駐留の第4軍の兵士がほとんどで、その多くに山岳での戦いを得意とする山岳兵(アルピーニ)たちが含まれていた。

第4軍の中には東部戦線への派遣を経験した兵士たちが少なからずおり、彼らは東部戦線においてドイツ軍のロシア人への蛮行（一般市民の虐殺、略奪など）を目撃し、「イタリア全土がドイツ軍に占領された今、ドイツ軍がイタリアでロシアと同様の蛮行を行う恐れがある」と判断、それを防ぐためにドイツへの抵抗を決意していた。

「独立派」旅団の兵士たちはＣＬＮから独立して行動し、自らの信条を示すために青いスカーフを巻いた。ただし、こうした行動から「独立派」旅団はドイツ軍だけでなく他のパルチザンたちからも嫌われ、バドリオ主義者を示す「バドリアーニ」と呼ばれていたという。

これとは別に、ＣＬＮの指揮下に、都市部での武力闘争を行う「愛国行動グループ(ＧＡＰ)」と、ストライキや宣伝キャンペーンを行う「愛国行動分隊(ＳＡＰ)」が編成され、ヴェニスやトリエステ、ミラノなどの各都市で活動を開始した。

１９４４年3月の時点で、おおよそ3万人のパルチザンが活動していたと言われている。

かくして、イタリア本土で開始されたパルチザン戦だったが、彼らによるイタリアの早期解放は望むべくもなかった。何故ならば、イタリア南部の連合軍の目前には峻険な山岳地帯と精強なドイツ軍が立ちはだかっており、早急な進撃は困難だった。

そしてドイツ軍は、第4軍の元イタリア軍兵士たちが懸念した通り、ソ連領やユーゴスラヴィアでの陰惨なパルチザン戦の経験から、パルチザンのような「武器を取った民間人」に容赦することはなかったのである。

（1コマ目左から）ムソルシ、「ガリバルディ」旅団、「独立派」旅団の兵士たち。ドイツ軍への対抗上、共闘していた彼女たちだったが、反ファシスト、共産主義、王党派という異なる主義主張を持っていた。酒場でイデオロギー論争になると厄介なことに……。

イタリア・パルチザン❷

〝テロリストか英雄か〟

イタリアの枢軸側の支配体制

グラン・サッソから脱出したムッソリーニがイタリア社会共和国(RSI)を建国したことで、中北部イタリアは同国の領域となった。ただし、イタリア北東部のトリエステ一帯とイタリア北部の南チロルはドイツ軍政下となった。

RSIの軍隊には、国軍であるRSIの正規軍(ENR)と、義勇兵からなる義勇兵部隊の二つがあった。このうち、対パルチザン戦に頻繁に参加したのは義勇兵部隊で、多種多様な独立部隊が編成されている。また、各地域には治安維持の主力として民兵部隊である共和国防衛軍（GNR）が編成され、約5万人が参加した。また、その下部組織として元黒シャツ隊の人員で組織された「黒い旅団」が編成された。RSIの指揮下になったイタリア警察もこれに協力している。

枢軸軍の真の主力は、ドイツ国防軍、および親衛隊下の警察/武装親衛隊の部隊だった。イタリアの防衛を主に任されていたのはドイツC軍集団、空軍元帥アルベルト・ケッセルリンクに率いられた野戦軍で、第10軍と第14軍を主力としていた。

ドイツ側の対パルチザン戦の中核は親衛隊だった。ドイツはイタリア親衛隊及び警察最高指導者カール・ヴォルフ大将の下、中北部イタリアを親衛隊及び警察管区に分け、その司令部の下で部隊を運用して治安維持任務に当たらせた。また、親衛隊はローマのゲシュタポ長官、ヘルベルト・カプラーの主導の下、RSI政府と協同してユダヤ人狩りも行っており、終戦までに約1万人がアウシュヴィッツをはじめと

RSI（イタリア社会共和国）統領・ムッソリーニ（左）と、義勇兵の治安部隊隊員

する収容所などへ送られ、死亡したと言われている。
イタリアで対パルチザン戦に参加した枢軸側の兵士の数は定かではないが、一説には17万人程度とされている。

1943年冬から44年春 イタリア・パルチザンの隆盛

イタリアのパルチザンの活動は、1943年9月のイタリアの降伏と同時に開始された。最初のパルチザンの行動は9月中旬、北部ゴリツィアでのドイツ軍への襲撃だと言われている。しかし、この時期のイタリアのパルチザンは約1500人と数が少なく、動きは活発であるものの戦果は乏しく、また、枢軸側も兵力不足からパルチザンを上手く捕捉できなかった。

その後、RSIが布告した徴兵から逃れるために多数の若者がパルチザンに参加した結果、パルチザンは急成長し、12月までに9000から1万人の規模に拡大した。

1944年1月、イタリア中部の山岳地帯で停滞していた戦況を打開するために、連合軍はアンツィオに上陸。さらに各都市では3月に大規模なストライキが実施された。この頃になると、パルチザンに国民解放委員会(CLN)の指導が行き届くようになり、より組織的に行動できるようになった(例えば、一つの鉄道に対して、同じ夜に複数箇所で襲撃を行うなど)。

1944年1月から3月までの間、ドイツ軍、RSI軍は増加し続けるパルチザンの攻撃に翻弄《ほんろう》され、その対応は後手に回った。その頂点となったのが、3月にローマで起きたドイツの南チロル警察連隊「ボルツァーノ」第3大隊への愛国行動グループ(GAP)による襲撃事件(爆弾テロ)で、この事件で同大隊は33人の犠牲者を出した。

事件はドイツ側に大きな衝撃を与え、怒り狂ったヒトラーは「犠牲者一人に対して10人を報復として殺害しろ」と命じたという。親衛隊はこのため、捕縛した335人の容疑者をローマ近くのアルデアティーネ洞窟で殺害した。この虐殺を直接指示したのは前述のカプラーである。ローマの爆弾テロは、枢軸側の対パルチザン作戦の転換点となり、親衛隊長官ヒムラーは中北部イタリアを「対パルチザン戦区」に指定、パルチザン掃討作戦を活発化させるよう命じた。

一方、イタリア中部の山岳地帯では年明けからドイツ軍の「グスタフ・ライン」と呼ばれる防衛線で激しい攻防が繰り広げられていた。先のアンツィオ上陸作戦はこれに呼応したものだったが、ドイツ軍の迅速な対応により上陸部隊は橋頭堡《きょうとうほ》に押し込まれた。戦況は全般的に膠着《こうちゃく》し、枢軸側に反撃の機会が生まれていた。

1944年夏　枢軸側の反撃開始

1944年春の段階で枢軸側の脅威となっていたのは、フランスとの国境に近い北西アルプスのパルチザンだった。この地域には旧イタリア第4軍の将兵で組織された独立派のパルチザン・グループ、第1山岳師団がいち早く大集団（1200人以上）を形成していた。

3月から5月にかけて、ドイツ軍は北西アルプスで積極的なパルチザン掃討作戦を展開した。中でもリグリア海岸を確保するために配備されたグスタフ・アドルフ・フォン・ツァンゲン将軍率いる「フォン・ツァンゲン」戦闘集団(※)は同地域のパルチザン潜伏地域を次々に攻撃した。一連の作戦で同戦闘集団は116回のパルチザン掃討作戦を実施し、4300人のパルチザンを戦死させ、2400人を捕虜にし、さらに3000人以上の市民を殺害した。なお、フォン・ツァンゲン将軍は、かつて歩兵師団を率いて冬のモスクワを戦い抜いた歴戦の指揮官である。

5月になると、北西アルプスだけでなく中部イタリアのパルチザンの動きも活発化した。連合軍が「グスタフ・ライン」を突破し、これに呼応した蜂起が相次いだのだった。連合軍の勝勢でパルチザンはさらに拡大、7月までに約8万人となった。

また、連合軍の北上は、市民を人員供給源としていた民兵組織GNRの弱体化をもたらし、RSIの治安維持能力に打撃を与えた。このため、北イタリアの各地で多数のパルチザンが糾合し、広大な解放地域を獲得。これらの地域はパルチザンと現地の市民による自治区、いわゆる「パルチザン共和国」となった。

RSI治安部隊の弱体化により、連合軍の諜報活動も活発化。イギリスの特殊作戦執行部(SOE)とアメリカの戦略諜報局(OSS)はパルチザン解放地域に連絡員を派遣し、無線通信を確立した。これにより、パルチザンは連合軍からの空輸による補給を受けられるようになる。

枢軸軍はパルチザンの活性化を受け、まず北西アルプスで対パルチザン掃討作戦を再開、パルチザン・グループを次々に撃破し、8月末までにこの一帯を平穏化させた。

中部から北部の山岳地帯では、多数のパルチザンが北に撤退するドイツ軍の動きを阻害するため、襲撃を繰り返した。これを防ぐため、枢軸軍は野戦部隊の一部を対パルチザン戦に投入している。例えば、フォン・ツァンゲン大将に指揮されて前線に投入されたリグリア軍は中部山岳地帯でパルチザン掃討に当たり、7月下旬までに175回のパルチザン掃討作戦を実施、パルチザン6720人を殺害、パルチザン3600人と一般市民5000人を捕縛した。

(※)…Armeegruppeの訳。兵力の抽出あるいは雑多な兵力の集成により軍団規模となった作戦単位。

北部の山岳地帯でもC軍集団の撤退に合わせてパルチザンの活動が活発化したため、治安が大きく悪化、ドイツ軍は「ヴァレンシュタイン」という作戦名の、連続した掃討作戦を実施した。

この頃、中北部イタリアで頭角を現していたパルチザンが、

イギリス軍により空中投下された物資輸送用コンテナを受け取った、パルチザンの兵士（右）と英SOE（Special Operations Executive:特殊作戦執行部）隊員。SOEは1944年秋からイタリア国内の対独抵抗組織に対する支援を本格化し、物資の供給も行っている。SOEの装備はサプレッサー付きのステンガン（サブマシンガン）Mk.II（S）。

マリオ・〝ルッポ（狼）〟・ムソルシ率いる「ステラ・ロッサ（赤い星）」で、ドイツ軍のボローニャ～フィレンツェ間の鉄道を破壊するなどの活動を行った。マリオ・ムソルシの統率力は高く、旅団はボローニャ州で最大規模の戦力（７００～８００人）。補給はマルツァボットなどの付近の村落から受

けていた。

１９４４年9月末、連合軍が「ステラ・ロッサ」の支配する領域の近郊に達すると、ＣＬＮは前線部隊の連携のために旅団に自身の指揮を受け入れるよう命じたが、旅団はこれを拒絶。一方、ドイツ軍にとって「ステラ・ロッサ」は自らの退路を脅かす存在であり、これを完全に排除すべくＳＳ第16偵察大隊が旅団を包囲、激戦の末にこれを壊滅させた。

その途上、同大隊はマルツァボットをはじめとする村落を焼き討ちし、多数の女子供と老人を含む約８００人の民間人を殺害し、さらに５００人を捕えてドイツへ連行した。大隊を率いたのはヴァルター・レーダーＳＳ中佐。彼もまた東部戦線帰りの野戦指揮官だった。

１９４４年秋から45年春 追い詰められるパルチザンと最終戦

9月、連合軍の進撃がドイツ軍の新たな防衛線「ゴシック・ライン」で停止すると、ドイツ軍、ＲＳＩ軍はともに戦力を再編し、大掛かりな対パルチザン戦に向けて動き出した。

一方、パルチザンの動きは停滞しつつあった。夏の勝勢で多数の市民がパルチザンに流入した結果、総員の武装が不可能になり、相対的に戦力価値を低下させていた。また、連合軍側の忠告を無視して多数の「パルチザン共和国」を生み出したため、機動力を失っていた。

10月、ケッセルリンクはコードネーム「緑」の名で連続した対パルチザン攻勢を発動した（「対パルチザン戦週間」と呼ばれた）。北部イタリア、および中部アルプスの山岳地帯のパルチザン・グループを、多数の部隊で次々に包囲殲滅していく作戦だった。

ケッセルリンクの目論見は当たり、パルチザン・グループは次々に壊滅していった。「緑」作戦での最大の戦果はスイス国境付近に設けられたイタリア最大規模の「パルチザン共和国」、オッソラ自由共和国の破壊だった。ドイツ軍は「アヴァンティ」作戦の名の下にＳＳ武装擲弾兵旅団「イタリア第一」をはじめとする３５００人を投入、パルチザン５０００人を撃滅、あるいはスイスに避退せしめた。「緑」作戦でドイツ軍は約２３００〜３６００人のパルチザンを殺し、２５００から８０００人を捕虜とし、複数の「パルチザン共和国」を破壊した。

12月、ケッセルリンクは再び「白」の名で連続攻勢を開始。標的は北部山岳地帯のパルチザングループである。結果、約１０００人のパルチザンが死亡し、１８００人が捕虜となった。「緑」に比べて戦果は少ないが、この攻勢で国内のすべての「パルチザン共和国」が消滅した。

枢軸側の二度の攻勢でパルチザンの兵力は激減し、２〜

3万人まで減少した。冬の到来と補給の悪化により士気も崩壊。CLNはこの危機を打破するために戦力温存を指示するとともに、連合軍に空輸による補給を要請した。この支援によりパルチザンは息を吹き返し、1945年4月には13万人の兵力に拡大した。ただし、武装していたのはその半数の7万人である。

4月、連合軍の最後の攻勢が開始され、ドイツ軍は北に撤退するか、連合軍に降伏した。パルチザンたちは都市部で次々に蜂起、さらに道路を封鎖してドイツ軍の後退を阻もうとしたが、ドイツ軍はパルチザンの捕虜となれば虐殺されること

「ステラ・ロッサ」を率いるオオカミ耳のパルチザン、"ルッポ"・ムソルシ(左)と、ドイツSS第16偵察大隊の大隊長、ヴァルター・レーダーSS中佐(の女体化)。親衛隊はイタリア・パルチザンに対する攻撃に、東部戦線やユーゴスラヴィアで対パルチザン戦を経験した歴戦の指揮官を投入。彼らの"東部戦線流の"戦いぶりにより、パルチザン側は市民を含め、大きな損害を出している。

が予想されたため、各地で必死の抵抗を見せた。4月28日、RSIの首都サロから脱出したムッソリーニがパルチザンに捕縛されて愛人ともども処刑された。翌日、イタリアのドイツ軍は休戦を申し込み、5月2日に降伏した。

終戦を迎えた後、RSIの兵士たちはパルチザンの報復を恐れて地下に潜り、パルチザンは報復のためにRSIの兵士の狩り立てを行った。報復はRSIの関係者やその親族にまで及び、1946年までに3万~5万人が犠牲になったと言われている。

ユーゴスラヴィアの全土をほぼ独力で解放したチトー・パルチザンに比べ、イタリア・パルチザンは主導的に戦況を打開したことは一度もなく、常に連合軍の進撃度合いに情勢を左右された。また、多数の「パルチザン共和国」を創り出すことで、地域の一時的解放の代価に多数のパルチザン・グループがまとめて殲滅されるという愚も犯した。ドイツ軍のパルチザン掃討作戦は大枠で成功しており、そのあおりを食ってドイツ軍の虐殺の犠牲になったり、パルチザンによって「裏切り者」として処刑された市民の数も膨大だった(後者を1万7000人とする資料がある)。この辺り、イタリア・パルチザンの存在は功のみとは言い辛い。

しかし、イタリアのパルチザン運動は戦後の民主主義体制の発起点になり、現在でもイタリア国内において英雄的に語り継がれている。

1945年4月27日、ムッソリーニはイタリア北部コモ湖付近でパルチザンに逮捕され、翌28日、パルチザンの手により射殺された。写真はミラノのロレート広場に逆さ吊りで晒されるムッソリーニ(左から二人目)

ユーゴスラヴィアのチトー・パルチザン❶

〝君(チ)は、あれ(トー)を!〟

1991年のユーゴスラヴィア崩壊

良く知られているように、多民族国家ユーゴスラヴィアは第二次大戦後、大戦の英雄ヨシップ・ブローズ・チトーによって一つの国家としてまとめられた。ユーゴスラヴィアはソ連とは異なる独自の社会主義路線を歩み、冷戦の全期間にわたって平和を維持した。

しかし、1980年にチトーが死去すると、ユーゴスラヴィアでは民族主義が台頭、各民族が自治を求めるようになり、その結果として1991年にユーゴスラヴィアは崩壊。既存の体制の維持を図るセルビア人勢力と他の民族との紛争が勃発し、1990年代全般を通して各地で戦闘が繰り広げられた。戦闘の実質的な終結は2001年と言われ、2025年現在のユーゴスラヴィアは7つの共和国に分かれ、流血の末に得られた平和の中にある。

第二次大戦前夜の欧州方面とユーゴスラヴィア

第一次大戦後のオーストリア＝ハンガリー帝国の解体に伴い、南スラブ人の国として「セルビア人・クロアチア人・スロヴェニア人王国（セルブ・クロアート・スロヴェーヌ王国）」が成立した。その後、1929年10月には国号が「ユーゴスラヴィア王国」と改められている。

冷戦終結の影響も大きかったとはいえ、多民族国家であるユーゴスラヴィアが一つの国家としてまとまっていたのはチトーの存在によるところが大きい。大戦中の活躍で国民的な英雄になり、国家指導者となった人物は数あれど（例えばアメリカのドワイト・D・アイゼンハワー大統領、フランスのシャルル・ド・ゴール大統領など）、これほど長期にわたって国家を指導した人物は他にない。

では、チトーはどのようにして第二次大戦を戦い、分裂の危険をはらんだ多民族をまとめあげ、指導者としての地位を確立したのだろうか。

ユーゴスラヴィアの戦間期

第二次大戦の勃発時、ユーゴスラヴィアはユーゴスラヴィア王国によって統治されていた。ユーゴスラヴィア王国は第一次大戦でオーストリア＝ハンガリー帝国が崩壊した結果、その戦後処理の一環として誕生した国家で、現在のセルビア、モンテネグロ、スロヴェニア、クロアチア、ボスニア・ヘルツェゴビア、コソボ、北マケドニアなどが領域に含まれた。

ユーゴスラヴィア王国の中心となったのは、第一次大戦でオーストリア＝ハンガリー帝国と戦ったセルビア人の国家のセルビア王国で、王国はセルビア王国が旧帝国領やその周辺を併合する形で成立した。これは第一次大戦後、欧米で民族自決の気運が高まり、ユーゴスラヴィアを「南スラブ人の国」として独立させようとしたことが原因だった。

しかし、前述の通りユーゴスラヴィア王国の運営の主導権を握ったのは旧セルビア王国のセルビア人で、この動きには他の民族……特に旧帝国領の一部だったクロアチア人からの反発が強かった。クロアチア人からしてみれば、ユーゴスラヴィアの政治をセルビア人が独占していることになるからである。セルビア人はユーゴスラヴィアの国土の大半はセルビア人のものであるべきという「大セルビア主義」を標榜《ひょうぼう》しており、同じく国土の半分以上をクロアチア人のものであるべきとするクロアチア人の「大クロアチア主義」との衝突は避けようもなかった。

クロアチア人とセルビア人の対立は戦間期を通して深まり、1934年にはフランスを訪れていた国王アレクサンダル一世が、クロアチアの極右集団「ウスタシャ（決起）」に雇われたテロリストにより暗殺される事件が起こった。この結果、国王はいまだ幼いアレクサンダル一世の息子ペータル二世に代わり、従弟のパヴレ公が摂政となった。

セルビア人たちはクロアチア人の民族意識の高まりを抑えるために、これまでのセルビア人主体の政治を見直し、連邦制への舵取りを始めた。しかし、1930年代中盤を過ぎるとドイツやイタリアでファシズムの台頭が始まり、再びクロアチアをはじめとする諸地域で独立の機運が高まった。また、ファシズム勢力の中でもイタリアがユーゴスラヴィアを含むバルカン半島への領土的野心を抱き、1939年4月には隣国アルバニアを併合した。ユーゴスラヴィア政府はクロアチアの民族問題を解決するためにクロアチアにボスニアを含めた領域の自治権を与えたが、根本的な問題の解決にはならなかった。

一方、こうしたユーゴスラヴィアの戦間期の中で、埋没していたのがユーゴスラヴィア共産党である。ユーゴスラヴィア共産党はユーゴスラヴィア王国の建国後、ロシアでの十月革命の影響を受けてセルビアの共産主義者たちが結束するとで1920年に成立したが、ボスニアでのストライキが政府の反感を買って非合法化され、弾圧の対象となり、さらにソ連のスターリンによる大粛清の影響で多くの党員が犠牲になったこともあって、1930年代には崩壊の危機にあった。

だが、ここで一人の男がユーゴスラヴィアに姿を現し、瀕

イラストは第二次大戦時のユーゴスラヴィア軍の兵士（の女体化）。頭には「シャイカチャ」と呼ばれるセルビア人の帽子に由来する舟形帽（略帽）を着用している。ちなみに、この軍帽はユーゴ軍のクロアチア人とスロヴェニア人には不評だったらしい。手に持っているM24小銃は、ベルギーのFN社がユーゴ軍向けに製造したモーゼル系のボルトアクション小銃だ。

死のユーゴスラヴィア共産党を立て直すことになる。
その男の名はチトー。彼が後に共産党のみならずユーゴスラヴィア全土を救うことになろうとは、この時点で誰が予想し得ただろうか。

チトー――いくつもの顔と名前を持つ男

チトーの本名はヨシップ・ブローズという。1892年5月7日、クロアチア北部のクロムヴィッツという小さな村でクロアチア人の父とスロヴェニア人の母との間に生まれた。父は田舎の農民で、妻との間に15人の子をもうけており、ヨシップは7人目の子供だった。

小学校を卒業した後、ヨシップ・ブローズはザグレブ近郊の都市シサクで錠前工の見習いになった。ブローズはこの錠前工としての仕事を通して労働者の問題を垣間見、政治的な活動に興味を持ったという。その後、ブローズはザグレブで熟練労働者として職を得て、クロアチア社会民主党の一員となって様々な活動に参加することになった。

第一次大戦が始まると、ブローズはクロアチアを支配していたオーストリア＝ハンガリー帝国軍の近衛連隊に入隊した。しかし、すでに社会運動に身を投じていたブローズに軍への忠誠心が育つわけもなかった。1915年、ブローズはロシア軍の捕虜となり、収容所の置かれたロシアの地でロシア革命を目の当たりにして感銘を受け、ロシアでのボリシェヴィキ運動に加わった。

1920年、ユーゴスラヴィアに戻りユーゴスラヴィア共産党に参加、1935年にコミンテルンの局員としてモスクワに赴任した。この出来事が偶然にもユーゴスラヴィア共産党で吹き荒れた粛清の嵐から彼を救うことになった。そして1939年、ユーゴスラヴィア共産党の議長に就任し、その立て直しを任された。なお、ブローズは1936年から1937年にかけてフランスのパリに向かい、スペイン内戦に参加するユーゴスラヴィア人の義勇兵の斡旋《あっせん》に関わっていた。この仕事を通じ、ブローズは非正規戦のノウハウを蓄えた。

この頃、すでにブローズは「チトー」いう別名を使い始めていた。前述の通り、ユーゴスラヴィアで共産党は弾圧の対象であり、チトーはいくつもの偽名や偽の立場で活動を続けなければならなかったのである。一説によると、チトーの名前は、彼がセルボクロアート語で命令を出すとき、「君(チ)は、あれ(トー)を!」といつも口にしたことに由来するという。

チトーはユーゴスラヴィア共産党の書記長に就任して一年の間に、党員を3000人から1万2000人に拡大するという大きな仕事を成し遂げた。新たな党員にはベオグラードの学生や女性が多く、ここで得た人脈が後に役立つことになった。また、スペイン内戦で戦った元義勇兵たちもその手勢に加えていた。ただ、チトーの最終的な目標はユーゴスラヴィアを社会主義国家とすることだったが、共産党の運動はコミンテルンを通じてソ連から下される命令に従って遂行されていた。

戦いの始まり

1939年9月、ドイツのポーランド侵攻によって第二次大戦の幕が開けた。ドイツ軍は瞬く間にポーランドを席巻。さらに1940年10月にはイタリアがギリシャに侵攻を開始

ユーゴスラヴィアのパルチザンを率いるヨシップ・ブローズ・チトー、その女体化イラスト。強烈なカリスマ性を持ち、生涯に四人の妻を持ったモテ男だけに、後輩の女子生徒たちに憧れられるカッコいい系女子だ。チトーはフェンシングの達人でもあったので、スポーツ系美少女となっているぞ。

した。チェコスロヴァキアは戦前にドイツの勢力下となっており、ハンガリー、ルーマニア、ブルガリアなどの東欧諸国も次々にドイツへの恭順を明らかにしていた。今やユーゴスラヴィアは枢軸国に包囲されたも同然であり、いつドイツ軍やイタリア軍が侵攻を開始してもおかしくはなかった。ユーゴスラヴィア軍の戦力は脆弱《ぜいじゃく》で、複数方向からの敵の侵攻に耐えられるものではなかった。

事ここに至り、ついにパヴレ公は決断を下す。1941年3月、ユーゴスラヴィア政府はドイツに恭順することで戦争の惨禍を免れるべく、日独伊三国軍事同盟に加盟することを決めたのだった。しかし、ドイツ軍に味方することは軍や教会の望むところではなく、3月26日、首都ベオグラードでクーデターが起こり、パヴレ公は海外に追放され、17歳となっていたペータル二世を国王とする新政権が樹立された。新政権は各政党が反枢軸という一点で協調した、ユーゴスラヴィア王国で類を見ないものとなった。

もちろん、ユーゴスラヴィアの背信はドイツの許すところではなかった。ドイツ第三帝国総統アドルフ・ヒトラーは激怒し、計画中だったギリシャ侵攻作戦にユーゴスラヴィアの占領を付け足した。4月6日、ドイツ軍はユーゴスラヴィアに侵攻を開始、わずか一週間でユーゴスラヴィアを席巻し、その全土を占領した。

ユーゴスラヴィア王国はこの一撃で消滅し、ペータル二世をはじめとする王国政府はイギリスへの亡命を余儀なくされた。ユーゴスラヴィアはドイツ、イタリア、ブルガリア、ハンガリーなどに分割統治され、このうちクロアチアはドイツの支援の下でクロアチア独立国して独立し、セルビアにも傀《かい》儡《らい》政権としてセルビア救国政府が置かれた。

だが、この時点でドイツ軍は大きなミスを犯していた。あまりに勝利が迅速に達成されたため、そしてユーゴスラヴィア占領後、立て続けにギリシャでの戦いとクレタ島での戦いにドイツ軍の戦力が吸引されてしまったため、敗北したユーゴスラヴィア軍の武装解除を徹底して行わなかったのだった。これが後のユーゴスラヴィアの戦いで大きな意味を持つことになる。

ドイツ軍の侵攻の中、ユーゴスラヴィア共産党は何の動きも見せず、党員たちはドイツの追及を免れるため地下に潜伏した。しかし6月、ドイツが「バルバロッサ」作戦でソ連に侵攻すると、コミンテルンから新たな指令が届いた。ソ連の闘争を支援するために、あらゆる手段を行使せよ――。

ユーゴスラヴィア共産党を率いるチトーの、本土解放に向けての戦いが始まろうとしていた。

ユーゴスラヴィアのチトー・パルチザン❷

〝君（チ）は、あれ（トー）を！〟

苦難の序盤　パルチザンとチェトニク

チトー率いるユーゴスラヴィア共産党は、1941年6月27日、ベオグラードにパルチザン司令部を設け、今後のドイツに対する抵抗運動についての会議を行った。

ユーゴスラヴィア・パルチザンの戦いは最初から複雑な色彩を帯びていた。チトーの目的は祖国ユーゴスラヴィアをドイツから解放し、社会主義国家に改革することだったが、その一方でドイツに対する抵抗運動はソ連（コミンテルン）の命令に従って行われるべきもので、ソ連からの命令も、まずはソ連本土の危機を救うためにソ連領から敵戦力を引き剥がし、同時にバルカン諸国からドイツへの資源供給を阻止することを求めていたからである。

両者が成功すれば、ソ連はドイツへの反攻を開始することが可能になり、それは翻《ひるがえ》ってユーゴスラヴィア本土の救援にも繋がることになる。

この難題を解決するためには、パルチザンの勢力を拡大し

第二次大戦期のユーゴスラヴィア

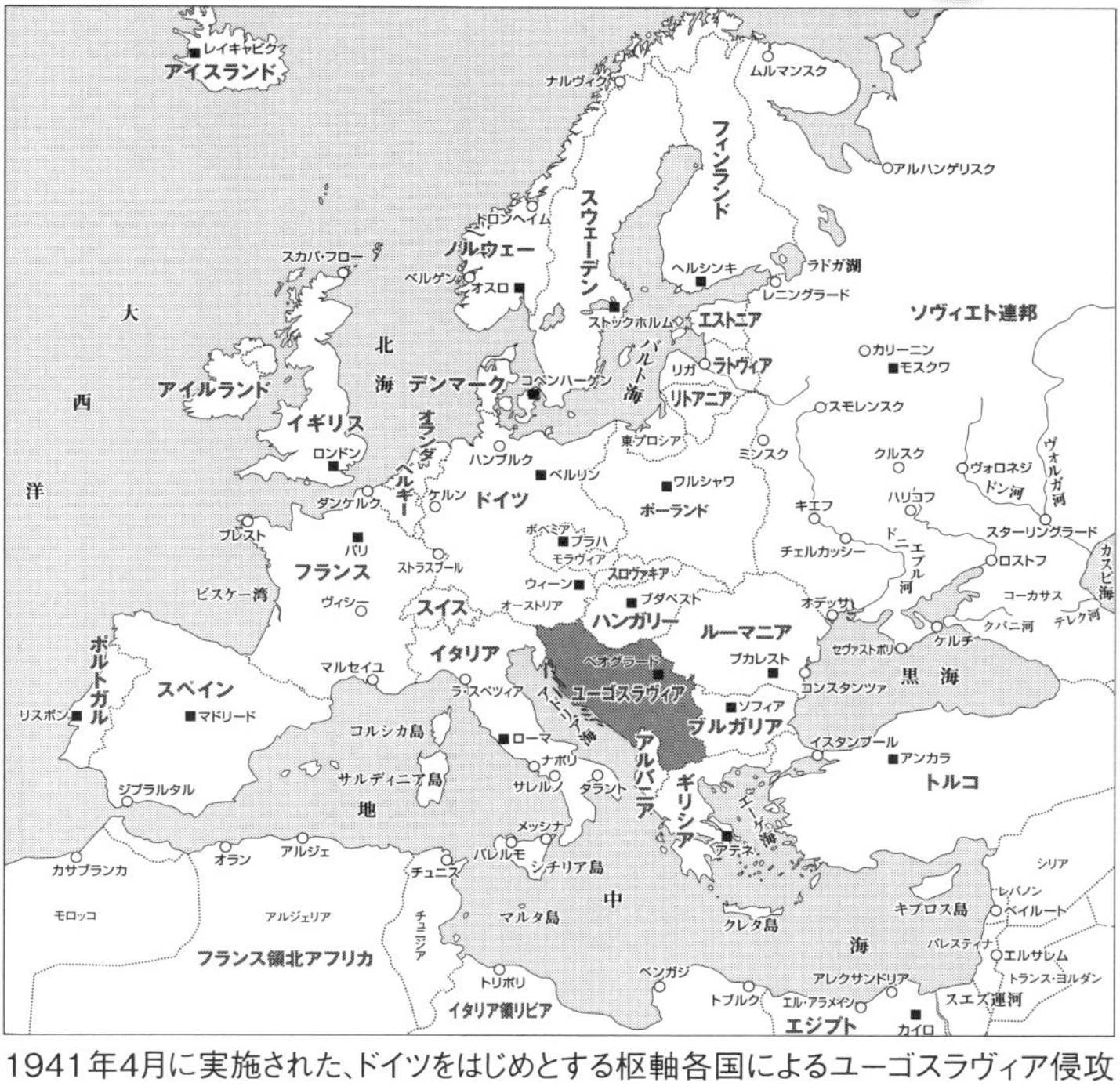

1941年4月に実施された、ドイツをはじめとする枢軸各国によるユーゴスラヴィア侵攻により、同国は周辺の枢軸国により分割統治されるとともに、一部に傀儡政権が樹立され、間接統治下に置かれることとなった。チトーが当初、根拠地としたベオグラードおよびウジツェのあるセルビアは、ドイツによる占領後に傀儡政権のセルビア救国政府が設置されている。

つつ、その戦力でドイツ軍に絶え間ない重圧をかけ、可能な限りユーゴスラヴィアに（本来ならソ連に振り向けられるべき）ドイツ軍の戦力を吸引するしか手はなかった。もちろん、パルチザンが抵抗を行えば行うほど、ドイツ軍はそれに対応し、そしてユーゴスラヴィアに死と破壊を振りまくことになる。

チトーは自らの正しさを確信しつつ、この戦いに莫大な犠牲が生じることを覚悟せざるをえなかった。だが、この恐るべき「覚悟」こそが、後のチトー・パルチザンに勝機を与えることになる。

一方、チトーが動き出した1941年夏、すでにユーゴスラヴィアには一つの抵抗組織が存在した。チェトニクである。

チェトニクは元ユーゴスラヴィア陸軍の大佐であるセルビア人、ドラジャ・ミハイロヴィッチに率いられた抵抗組織だった。ユーゴスラヴィアがドイツに降伏した1941年4月、ミハイロヴィッチはドイツに降伏することを拒否し、ドイツ軍に捕縛されることを避けるため、同志たちとともにセルビア西部のラヴナ・ゴーラ高地へと身を隠した。ミハイロヴィッチは王党派の人物で、ユーゴスラヴィアはセルビア人によって支配されるべきという伝統的な思想を持っていた。

当初、チェトニクはドイツ軍への抵抗を主導したものの、その行動はすぐさま尻すぼみになっていった。チェトニクの抵抗が、ドイツ軍のセルビア市民への苛烈な報復に結び付くことをミハイロヴィッチが自覚したからだった。このためチェトニクは、ドイツ軍に対して当面は静観を決め込みながら戦力を拡大、機を見て反攻を開始するという方針を採った。この方針はロンドンの亡命ユーゴスラヴィア政府の意向とも一致しており、イギリスはチェトニクを正統な抵抗組織と見なしていた。

ただ、この時期にはチェトニクだけでなく、チェトニクにもチトー・パルチザンにも属さない別個のパルチザンが各地で発足してドイツへの抵抗運動を開始しており、全体としては混沌《こんとん》とした状態であり、その取りまとめもチトーやミハイロヴィッチの課題だった。

1941年7月4日、チトーは武装抵抗の開始を布告した。チトー・パルチザンの戦いが始まったのである。

パルチザンは大衆的な愛国主義と反ファシズムを標榜《ひょうぼう》して各地で人員を集め、ドイツ軍の補給路を襲撃した。同年の夏の終わりにはチトーはベオグラードからセルビア西部のウジツェに移り、ここをパルチザンの本拠地にした。パルチザンによって解放されたウジツェ周辺は「ウジツェ共和国」と称され、人口は30万人を数え、大量の武器類もそこで製造された。チトー・パルチザンの下にはスペイン内戦の経験者が揃っており、その知見を活かした指導も可能としていた。

チェトニクにとって、急速に勢力を拡大していくチトー・パルチザンは疑念の対象だった。セルビア人至上主義である彼らには、パルチザンの人員獲得の手段は将来のユーゴスラヴィアのセルビア人の特権を奪う姿勢に見えたのだった。このため、両者は数度の協調作戦を行って以降は対立関係となり、11月1日、チェトニクがウジツェのパルチザン本部を襲撃したことでその関係は決定的に決裂した。二週間の死闘の末、パルチザンは反撃を開始してチェトニクの本部を包囲したが、イギリスとの関係悪化を望まないソ連の意向で、チトー

セルビアの民族衣装を身に纏う女の子とパルチザン兵（の女体化）。白のブラウスに花模様の刺繍をあしらった黒のベスト、多色織りのスカートを着用している。頭に被っているのは“チトー・パルチザンの象徴”ともされるティトヴカ。ロシアのピロートカを原型とする舟形帽だ。

はそれ以上の攻撃を手控えざるを得なかった。

一方、ドイツ軍をはじめとする枢軸軍も、チェトニクとパルチザンの脅威を正確に認識していた。災いの芽は早めに潰すべし……ドイツ軍は後に第一次攻勢と呼ばれる2個歩兵師団を用いてのウジツェへの攻勢を発起し、チェトニク、パルチザンの双方の殲滅を図った。

この攻撃を受け、チトーたちはボスニアとセルビアの国境付近に撤退を余儀なくされ、ウジツェ共和国は崩壊。チェトニクも再び地下に潜伏した。

逃避行
ボスニアからモンテネグロ、そしてクロアチアへ

ドイツ軍の第一次攻勢により、セルビアでの反乱は鎮圧されたかに見えた。しかし、チトー、ミハイロヴィッチの両名を取り逃したことはドイツ軍にとって痛恨の結果であり、ドイツ軍は両名の首に金貨10万マルク(4万ドル)の懸賞金を懸けた。

両名が健在な限り、チェトニクもパルチザンもいずれ復活することは明白だった。このため、ドイツ軍は第二次攻勢と呼ばれる攻勢を年明けに実施、セルビア西部からパルチザンとチェトニクをほぼ駆逐した。

セルビア西部を追われたチトーはボスニアに拠点を移すことで再起を図ろうとしていた。当時のボスニアはドイツの傀儡政権であるアンテ・パヴェリチ率いるクロアチア独立国の領土となり、パヴェリチが指揮するウスタシャによってセルビア人やユダヤ人、ジプシー、そしてイスラム教徒や正教徒が迫害を受けていた。反ドイツ・反クロアチア感情が渦巻くこの地であれば、新たなパルチザン人員の獲得は容易だとチトーは踏んだのだった。

ボスニアのフォチャを新たな拠点としたチトーは、12月21日、最初の正規軍というべき第一プロレタリア旅団を編成した。これまでの戦訓から、チトーは自らの指揮する抵抗活動には、小規模な一撃離脱戦術にとどまらない大規模な襲撃を可能とし、なおかつ高い機動力を持つ機動部隊が必須と考えていた。ドイツ軍と正面切っての会戦を行うつもりはないが、いざという場合、ドイツ軍の攻勢を跳ね除け、血路を開く必要がある。１２００人のパルチザンで編成された第一プロレタリア旅団はその具現化だった。以後、チトーは同じような性質のプロレタリア旅団の編成を継続していく。

だが、このような旅団の戦力を維持するには、ウジツェのような武器の生産拠点か、あるいは外部からの武器の供与が必要だった。チトーはソ連軍の空輸による武器の支援を求めたが、ソ連はこれを「技術的に困難」として断った。

一方、チェトニクはなんと枢軸側へと接近していた。ミハ

イロヴィッチはドイツの傀儡でセルビアを統治しているセルビア救国政府を通じて枢軸側に協力を持ち掛けることで、武器と食料を手に入れていたのだ。ロンドンの亡命政府はこうしたチェトニクの背信を察知できず、そのためソ連もチェトニクの立場を尊重せざるを得なかったため、チトーへの本格的な支援を躊躇《ためら》った。先のボスニア・セルビア国境でのドイツ軍の攻勢に際しても、チェトニクはパルチザンと協力することなく撤退している。

フォチャ周辺のパルチザンに対し、ドイツ軍は第三次攻勢として「トリオ」作戦を発動、イタリア軍やクロアチア軍と協

フェンシング大会で対峙するチトー（右）とミハイロヴィッチ（左上）。パルチザンとチェトニクは同じ反枢軸勢力ながら、一方は共産主義、他方はセルビア人民族主義・王党主義であり、関係は険悪だった。二人は決着を付けるべく、フェンシング大会の試合に臨んだが、これを観戦していた某ドイツ人少女（左下）にチトーは見初められることとなる……。

力して包囲殲滅を図った（三軍が協力することから「トリオ」作戦となった）。攻勢は三軍の足並みが揃わずパルチザンの殲滅は叶わなかったが、この攻勢でチトーは再び本拠地を捨てざるを得なくなり、さらに南のモンテネグロに向かって撤退を余儀なくされた。

1942年6月、モンテネグロに入ったチトーだったが、同地ではチェトニクとイタリア軍が結託しており、すぐにパルチザンは圧迫された。この時期、チトーの兵力は5個旅団、約6000人を数えるに至っていたが、食料や武器の供給源のないパルチザンにとって人員の拡大は諸刃《もろは》の剣だった。兵士たちの食料事情は悪化し、次々に病気で倒れた。

セルビアでの敗北以来、最悪の状況に陥ったチトーだったが、ここで彼はある一つの決断を下す。チェトニクとイタリアが結託したモンテネグロに展開していても、このままでは座して死を待つだけ――ならば、ボスニアを横断、クロアチア方面に攻勢をかけることを決意したのだ。

チトーはこれを「士気回復のため」と回想しているが、おそらくは食料や武器を手に入れながらパルチザンの規模を拡大することも目的に含んでいたのだろう。チトー・パルチザンの進路上に存在する村落の人々はチトーに食料を提供することになるだろうし、そうした人々はその後に枢軸軍の報復を受けて、最後にはチトーの側に参じることになる。「大きな犠牲を出してでも目的を完遂する」というチトーの覚悟があったゆえの作戦案と言える。

チトーのクロアチアへの攻勢は5カ月間ほど継続され、最終的にチトーはボスニア西部のビハチに到達。さらに占領地域をボスニアの広範囲に拡大し、戦力の立て直しに成功した。チトーの賭けが成功したのだった。

チトー・パルチザンの行く手にはクロアチアのウスタシャが立ちふさがったが、士気の低さからまともな戦力とはならず、逆にチトー・パルチザンに投降する兵士が続出する始末で、ドイツ側からは「パルチザン補給部隊」の蔑称で呼ばれることになった。

12月、新たなパルチザンの本拠地となったビハチで、チトーはユーゴスラヴィア人民解放反ファシズム評議会を開催、各地の人民解放委員会の代表者54人を集め、自らの存在を誇示した。ソ連の対ユーゴスラヴィア感情を考慮し、反ファシズム闘争のみを主題としたこの評議会は、内外からの注目を浴び、チェトニクの動向に懐疑的になりつつあったイギリスもまたチトー・パルチザンを意識するようになった。

しかしこの時、ドイツ軍はビハチのパルチザンに対してさらなる攻勢を計画しており、それはやがて、チトーとパルチザンの命運を決する激戦へとつながっていくのである。

ユーゴスラヴィアのチトー・パルチザン❸

〝君(チ)は、あれ(トー)を!〟

ネレトヴァの戦い

1943年1月20日、ドイツ軍を主力とする枢軸軍はチトー・パルチザンへの総攻撃を開始した。大きく分けて三段階に分かれていた本作戦を、ドイツ側は「白」作戦、パルチザン側は第四次攻勢と呼称している。

この攻勢でドイツ軍は過去最大の兵力集中を図った。その数、ドイツ軍6個師団、イタリア軍3個師団、クロアチア軍2個師団、そしてチェトニク、ウスタシャなどの多数の民兵組織、計15万である。

この時期、ビハチ周辺のチトー・パルチザンは、南北250km、東西50~70kmの広大な解放地域を形成していた。チトーはこの解放地域を拠点にセルビア、ボスニア方面への帰還とパルチザンの再活性化を考えており、全戦力4万のうち2万を解放地域の東部に集結させていた。

第二次大戦期のユーゴスラヴィア

ドイツ軍、イタリア軍、チェトニクと対立するチトー・パルチザンは、当初はベオグラード、次いでウジツェ、さらに追撃を逃れるようにフォチャ、ビハチと根拠地を移した。逃避行を続けながらも勢力を伸長させたチトー・パルチザンに対し、ドイツを中心とする枢軸軍側は度重なる殲滅作戦を実施した。

「白」作戦はチトーの攻勢が開始される前に発動された。ドイツ軍は各軍の作戦調整に手を焼いたものの、作戦開始後は圧倒的な戦力でパルチザンを圧倒、ビハチの包囲を目指す。

再度の危機に、チトーはビハチの放棄を決定、計画通り攻勢を開始することで主力をセルビア、ボスニア方面に転進させ、生き残りを図ろうとした。

チトー・パルチザンはイタリア軍の防衛線を突破、2月の中旬までにネレトヴァ川に迫った。これに対してドイツ側は作戦を変更、チトー・パルチザンのネレトヴァ川突破阻止と、同方面に進出したパルチザン主力の殲滅を目指す。ドイツ軍が先に渡河点を押さえたため、パルチザンはネレトヴァ川の手前で進撃を阻止され、付近の渓谷に包囲されてしまった。

多数の負傷者を抱えながら包囲されたチトー・パルチザンが生き残るには、包囲を打破するしかなかった。チトーはチェトニクが守るヤブラニツァで渡河を強攻、脱出を図った。結果的に脱出に成功したものの、ドイツ軍の反撃で大損害を被り、1万5000人を失うことになった。

「白」作戦の後、モンテネグロ北部に再集結したパルチザンだったが、5月、再びドイツ軍は12万の戦力をかき集め、「黒」作戦と呼ばれる攻勢(パルチザン側の呼称は第五次攻勢)を開始した。チトー・パルチザンは劣勢を余儀なくされ、6月中旬までにモンテネグロからボスニア東部に北上する形で脱出を余儀なくされた。

ユーゴスラヴィアのパルチザンを率いたチトー(1892年5月7日〜1980年5月4日)。写真は1943年6月20日、「黒」作戦中のスティエスカの戦いの際に撮影された

損害は全戦力の3分の1以上の約7500人。しかし、この戦いでもチトーはしぶとく生き残り、結果的にドイツ軍がここでチトーとチトー・パルチザンの残存戦力1万5000人を仕留め損なったことが、後のユーゴの情勢を決定づけることになる。

転換点——イタリアの降伏と英米の接近

「黒」作戦を凌《しの》ぎ、モンテネグロ北部からボスニア東部にかけて勢力を維持したチトーに、ついに転換点となる出来事が訪れた——ユーゴを支配していた枢軸二大陣営の一つ、イタリアが連合国に降伏したのである。「黒」作戦から1カ月後の7月、連合国は地中海で「ハスキー」作戦を発動し、イタリアのシチリア島に上陸。ローマではクーデターが起こりムッソリーニは解任され、新政権による連合国との停戦交渉が開始、9月8日に降伏が決定された。

これを受けて、ドイツ軍は北部イタリアとローマに軍を進駐させたが、同時に連合軍も南部イタリアに上陸した。イタリアの降伏はほとんどのイタリア軍将兵にとって寝耳に水の出来事で、イタリア軍は浮き足立ったまま各地でドイツ軍、連合軍に制圧され、武装解除された。

イタリアの降伏は、ユーゴスラヴィアの全勢力にとって劇的な出来事となった。

当時、ユーゴスラヴィアには17個師団のイタリア軍が存在していたが、その全てが突如として戦いを止めてしまったのだ。

イタリアの降伏と同時にドイツ軍、チェトニク、チトー・パルチザンはイタリアの遺した人員、装備、土地を手に入れるために進撃。結果、チトー・パルチザンはイタリア軍6個師団分の装備と数千人のイタリア人参加者、そしてアドリア海沿岸の広大な――ユーゴスラヴィア領土の4分の1以上にも達する――領域の確保に成功した。情勢は一挙にチトー・パルチザンの優位に傾いたのだった。ドイツ軍も多数のイタリア軍装備を得たものの、同軍の武装解除に時間を奪われ、パルチザンの拡大を防げなかったばかりか、今後はドイツ単独でユーゴスラヴィアを抑えなければならなくなるという致命的な状況となってしまった。

チトー・パルチザンの再興は、イギリスとアメリカの支援を引き出すことになった。イギリスはそれまで支援していたチェトニクに見切りをつけており、またアメリカも、今後の地中海の権益をイギリスに独占させないために、チトーを味方に引き込む必要があった。

イギリス、アメリカの支援物資が流れ込んできた結果、チトー・パルチザンはさらに拡大、1943年末には15万の勢力となっていた。対するドイツ軍は26個師団をユーゴスラヴィアに展開していたが、チトー・パルチザンの戦力・解放地域があまりに拡大したため、もはや「白」作戦、「黒」作戦のような、チトー・パルチザン全ての包囲を目標とする攻勢は不可能だった。

1943年末、ドイツ軍はチェトニクと連携してのボスニアのパルチザンへの攻勢、「球電(クーゲルブリッツ)」「吹雪」作戦(パルチザン側の呼称は第六次攻勢)を発動し、同地のパルチザンを撤退に追い込んだものの、全体としては小さな戦果であり、状況の改善には程遠かった。イタリアという協力者を失ったミハイロヴィッチのチェトニクは、代わりの支援をドイツ側に求めたことで枢軸側と一体化し、もはやパルチザンの敵そのものとなり果てていた。

「騎士の跳躍」作戦 チトーVS.スコルツェニー

1943年11月、ボスニア中央部のヤイツェにてAVNOJ(ユーゴスラヴィア人民解放反ファシスト評議会)の第2回全国大会が開かれた。この大会でチトーは元帥に任命され、彼と彼の率いるパルチザンの功績が讃えられた。ソ連はチトーのこの行動を黙認した。

この時期から、チトーはアドリア海沿岸にまだら模様のように存在する解放地域を飛び回り、各地のパルチザンの作戦を指揮するようになった。ドイツ軍に捕捉されるのを避けるためである。しかし、ドイツ側としても、拡大を続けるチトー・パルチザンの跳梁《ちょうりょう》を止めるためには指導者チトーの排除しか残された手はなかった。かくしてドイツ側による最後の大攻勢、「騎士の跳躍(レッセルシュプルング)」作戦(パルチザン側の呼称は第七次攻勢)が計画される。

1944年5月25日、チトーが司令部として用いていたドルヴァル周辺でドイツ軍が攻勢を発起、同時にドルヴァル近辺の山中の洞窟に置かれていたチトーの司令部を空挺部隊であるSS第501降下猟兵大隊が空から奇襲した。ドイツ軍はこれまでの戦訓を鑑み、チトーの司令部の位置を突き止め、地上での攻勢と空挺奇襲を同時に行うことでチトー本人を確実に仕留めようとしたのである。

作戦の立案には、前年にムッソリーニ救出作戦を成功させた親衛隊の特殊部隊指揮官、オットー・スコルツェニーSS少佐が関わっていた。ただし、スコルツェニーは独自の調査から敵が奇襲を警戒していることを感知して作戦の中止を訴えたが聞き入れられず、このため作戦への積極的な介入は控えている。

結果はスコルツェニーの予想通りとなった。ドルヴァルにはチトーの司令部を守る護衛大隊が展開しており、SS第501降下猟兵大隊は降下直後に激しい抵抗を受けた。チトーはドイツ軍の奇襲に驚いたものの、その間に司令部から脱出。目標捕捉に失敗したSS第501降下猟兵大隊はパル

コマンド部隊を率いて数々の特殊作戦を成功に導いた、武装親衛隊のオットー・スコルツェニー。「イタリア・パルチザン」の項で見た通り、1943年9月のムッソリーニ救出作戦は成功させたが、1944年5月25日のチトー襲撃作戦は失敗に終わっている

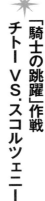

チザンに包囲され、友軍がドルヴァルに達して救出されるまでに壊滅状態となった。

ユーゴ解放 血塗られた勝利

1944年夏、チトー率いるパルチザンの戦力は80万に膨れ上がり、アドリア海からは英米の援助が大量に流れ込んでいた。そして東部戦線では、ソ連軍の攻勢でルーマニアやブルガリアなどの東欧諸国が次々と脱落し、東欧におけるドイツ軍の不利は決定的となりつつあった。

9月、ソ連軍はパルチザンと協力して旧首都ベオグラード

チトー・パルチザンは戦車も運用していた！ パルチザン最初の戦車部隊（旅団）は1944年7月16日、連合軍占領下のイタリアのグラヴィーナで編成された。装備車両はM3軽戦車スチュアート59両と装甲車24両。同旅団はアドリア海のヴィス島を経てダルマチア地方へ進出し、大戦後半のドイツ軍に対する諸作戦に投入された。イラストはパルチザンの手により運用されるM3A3軽戦車と、便乗するパルチザンの女性兵士たち。

を攻略、セルビアの奪還を果たした。1944年末までにユーゴスラヴィアの9割がパルチザンの支配下となり、ドイツ軍は主要な都市とそれらを繋ぐ幹線道路を保持しているに過ぎなかった。

ドイツ軍は南欧・東欧からの総撤退を決意、ギリシャのE軍集団が、次いでユーゴスラヴィアのF軍集団が撤退を開始した。ドイツ軍はチェトニクやウスタシャとともに戦力を維持したまま、オーストリア国境を目指す。一方のチトー・パルチザンもこれを追撃、各地で激しい戦闘が起こった。復讐の念に燃えるパルチザンはドイツ軍とその同盟者の捕虜を殺

チトー（イラスト下左）を見初めたドイツ人少女・スコルツェニーは、彼女を捕らえるべく策を巡らす。追い詰められたチトー、捕まったら酷いこと（性的な意味で）になるのは明らか。なんとか逃げ延びないと……！

戮の対象とし、ドイツ軍側もそうした運命を避けるべく徹底的に抵抗したため、戦闘は残虐な結果になることが多かった。

チトー・パルチザンは終戦までにユーゴ全土を解放し、一部はイタリア、オーストリアへと兵を進めた。ドイツ軍との戦いは5月8日のドイツの無条件降伏後も継続し、最後の戦いは5月14日に始まったスロヴェニアのポリャーナでの戦いとなった。この戦いでは3万の枢軸軍部隊とこれを追撃していたパルチザン部隊が激突、翌日にイギリス軍が介入して枢軸軍を説得し、枢軸軍の降伏で幕を下ろした。

パルチザンに捕らえられた枢軸軍の将兵の多くは、彼らに虐殺された。特に「かつての同胞」だったウスタシャ、チェトニクの人員とその家族への報復はすさまじく、最終的に5万〜25万人が主にスロヴェニアで虐殺された。

チトーに率いられたパルチザンはいくつものピンチを切り抜け、諸外国の助けもあり、最終的にユーゴスラヴィアの全土を奪還した状態で終戦を迎えた。戦後、チトーはこの功績によってユーゴスラヴィアの指導者となり、ソ連と一線を画す独自の社会主義政策を行って多民族国家ユーゴスラヴィアを一つにまとめあげた。

逆に言えば、大戦で民族同士の陰惨な殺戮が行われたユーゴスラヴィアを再度まとめあげるには、チトーの威光が必要不可欠で、事実、1980年にチトーが死亡すると各地で民族運動が再発、後のユーゴ崩壊の導火線となった。チトー・パルチザンは戦後にユーゴスラヴィア人民軍の母体となり、冷戦中を通して同国の防衛を担ったものの、ユーゴ崩壊で分裂することになった。

第二次大戦でのユーゴの死者は一説には約100万と言われ、そのうち23万がパルチザン、20万が枢軸側協力者、残りが民間人の死者とされている。これだけ甚大な犠牲が生じた背景には、枢軸側の支配が苛烈だったことだけでなく、民族対立の激しさ、そしてチトーとチトー・パルチザンの「犠牲をいとわず生き残りを図る」という作戦方針があったゆえとも評されている。しかし、このチトーの方針がなければ最終的にユーゴ全土がパルチザンの手で奪還されることはなかっただろうし、戦後のユーゴの安定もありえなかったと考えられる。

チトーの功績をどう考えるべきか――この先の評価は読者の皆様にお任せしたい。

チェコ・レジスタンス

〝その勝利は誰のために〟

ドイツによるチェコの併合

1938年春、ドイツ第三帝国はチェコスロヴァキアに同国領内のズデーテン地方の割譲を迫った。ドイツ総統アドルフ・ヒトラーはドイツの領土拡張を政策の第一としており、その一環としてチェコスロヴァキアの獲得を狙っていた。ズデーテン地方はドイツ系住民が多数居住しており、それを口実にドイツ領にしようと目論んだのである。

ドイツはすでにオーストリア併合を果たしており、その領土的野心は誰もが認めるところだった。チェコスロヴァキア政府はドイツの要求を拒絶し、ドイツの侵攻を阻止するために軍の動員を開始。両国は一触即発の状態となった。

イギリスの首相ネヴィル・チェンバレンとフランスの首相エデゥアール・ダラディエは事態の収拾に動き、チェコスロヴァキアにズデーテン地方のドイツへの割譲を認めさせ、その代わりにドイツのチェコスロヴァキアへの侵攻を回避させ

チェコ併合

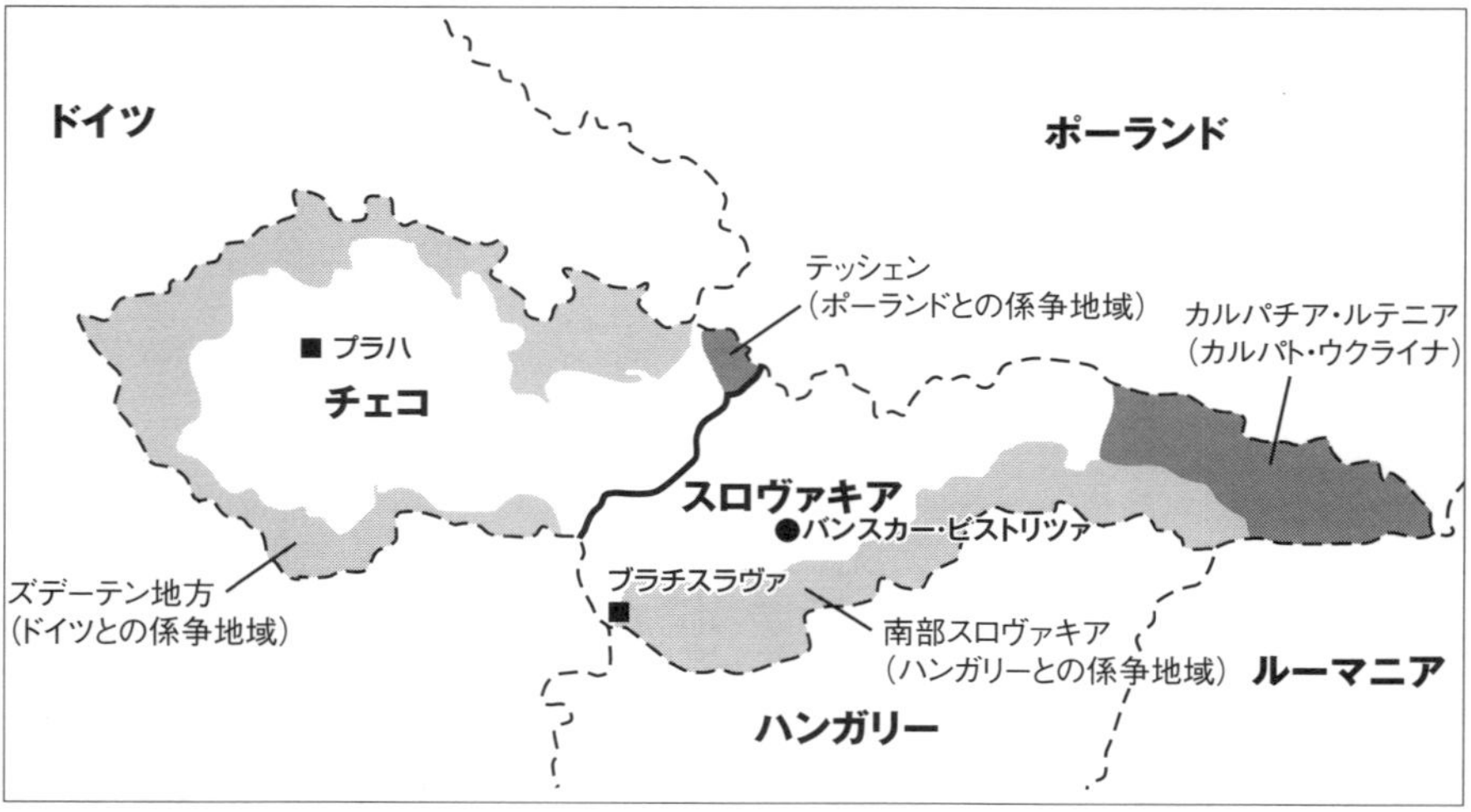

1939年9月のミュンヘン会談の結果、チェコのズデーテン地方はドイツに、テッシェンはポーランドに併合された。また、南部スロヴァキアはハンガリーの領土となり、その後、スロヴァキアは独立（独立スロヴァキア）、ドイツの傀儡政権が樹立されるとともに、カルパチア・ルテニアはハンガリーに併合された。チェコは「ベーメン・メーレン保護領」となってドイツの支配下に置かれ、ここにチェコスロヴァキアは崩壊した。

ることで戦争の勃発を抑えようとした。チェコスロヴァキアは英仏の要求に抵抗したが、最終的に折れざるを得ず、ドイツへのズデーテン地方の割譲を認めた。この条件はミュンヘンで行われた英仏独伊による首脳会議でまとめられた（ミュンヘン会談）。

ミュンヘン会談の結果により、チェコスロヴァキアはハンガリーやポーランドにまで領土を割譲せざるを得なくなり、国論が分断され、スロヴァキアなどで独立の機運が高まった。ドイツはこれを支援してスロヴァキアを独立させ、さらにチェコにドイツ軍を進駐させてこれを併合した。チェコはドイツ領土の「ベーメン・メーレン保護領」となり、チェコ人がチェコを統治するという行政機構は残されたものの、実際としては総督コンステンティン・フォン・ノイラートの統治下となった。

かくしてチェコはドイツの版図に組み込まれたが、ドイツ軍の進駐と前後して、多数の軍人や公務員が海外（主にイギリスやフランス、ポーランド）に脱出、あるいは地下に籠もって再起に賭けることになった。また、ドイツによって非合法化された共産党員たちも一部が健在であり、やはりソ連との連絡を継続しつつ地下に籠もり、逆転のチャンスを待つことになった。

抵抗運動の始まり

第二次大戦の勃発とその後のドイツ軍の快進撃により、ヨーロッパの国々が瞬く間にドイツの軍門に下る中、チェコ改めベーレン・メーレン保護領ではドイツ本土に準じる比較的平穏な暮らしが続いていた。ドイツはチェコでの抵抗運動の激化を避けるため、また、将来のイギリスとの妥協による平和を、チェコでの穏便な政策を通じて得ようとしていたため、チェコでの統治を厳しいものとはしなかった。これには、チェコの工業地帯がドイツにとって重要な資産であり、これを稼働させ続けるためにはチェコ人の機嫌を損ねるわけにはいかないという側面もあった。

加えてベーメン・メーレン保護領総督のノイラートはナチというより古参の保守であり、チェコに対しては緩やかな統治を行っていた。ただし、開戦と同時にチェコのユダヤ人は国外への脱出を禁じられ、後のホロコーストに繋がる激しい弾圧を受け始めた。

ナチスによる支配が穏当だったことを受け、チェコ国内のレジスタンス運動は大戦勃発後も長く下火だった。ドイツ支配下のチェコには反ドイツ組織として、

・政治的抵抗および諜報を役割とする「政治センター」（ＰＵ）

・非共産主義系左派組織「請願委員会〝われわれは忠実であり続ける〟」（PVVZ）
・軍事組織「国民の防衛」（ON）
・チェコスロヴァキア共産党に率いられた共産主義系地下組織

以上の四系列があり、1941年までにこれらすべてが統一組織である「抵抗運動中央指導部」（UVOD）に組み込まれたが、中小規模のデモやテロを除けば活動は不活発で、祖国の解放にはほど遠い状態だった。また、ロンドンにはエドヴァルド・ベネシュ大統領率いる亡命政府があり、フランスやポーランドから逃れてきた亡命軍人たちを取りまとめて連合軍に協力させていたが、本土の状況がこうである以上、積極的なレジスタンス戦の展開は不可能だった。

1941年6月、ドイツは「バルバロッサ」作戦を発動、ソ連へと侵攻を開始した。この出来事によりチェコスロヴァキア共産党は明確に反独闘争の方針を打ち出し、全国で大規模なサボタージュやストライキ、ドイツ軍将兵の暗殺などを実行させた。これらは大きな成功を収めたものの、ドイツ側、特にアドルフ・ヒトラー総統の逆鱗《げきりん》に触れることになり、チェコでの治安維持の強化が叫ばれるようになった。

「エンスラポイド」作戦 ハイドリヒ暗殺計画とその余波

9月、ヒトラーはノイラートを呼び出して、チェコにおける反独運動の高まりとそれを許したノイラートの穏健な支配統治を叱責。ノイラートを休職処分にして総督の任から事実上外し、代わりにラインハルト・ハイドリヒ親衛隊大将を副総督としてチェコに送り込み、支配体制の革新を行った。

ハイドリヒはナチス親衛隊の警察組織であり、通常の警察組織や親衛隊保安部、悪名高い秘密警察ゲシュタポを取りまとめる国家保安本部（RSHA）の指導者で、親衛隊では長官ハインリヒ・ヒムラーに次ぐ立場の人物だった。治安維持についてのエキスパートでもあり、実際、ハイドリヒ

チェコ併合後、ドイツ軍はチェコ製のLT vz.35を35(t)戦車として、LT vz.38を38(t)戦車として採用し、ポーランド戦役や西方戦役で使用している。写真は38(t)戦車

はチェコへの着任から数カ月で多数のレジスタンスを逮捕するなど締め付けを強化、同時にチェコ経済に優遇措置を行って民衆の（控えめな）支持を勝ち取り、チェコにおける抵抗運動の機運を根こそぎ粉砕してしまった。このハイドリヒの攻勢によってUVODは骨抜きにされ、半ば息の根を止められてしまった。

チェコ国内の状況悪化は、当然ながらロンドンの亡命政府にとって大きな問題となった。国内の抵抗運動が盛んにならなければ、連合国からの支援は期待できない。一方、イギリスにとっても全般的な戦況の悪化は大きな懸念材料であり、

物売りの少女に扮して、ベーメン・メーレン保護領副総督、ラインハルト・ハイドリヒの邸宅の車の出入りを監視するレジスタンス。1942年5月27日、「エンスラポイド」作戦ではハイドリヒの乗るメルセデス・ベンツのオープンカーを待ち伏せ、暗殺が実行された。なお、このハイドリヒ暗殺は『ハイドリヒを撃て!「ナチの野獣」暗殺作戦』ほか複数の映画で描かれている。

ドイツ領内で大きな争乱が起こればこれが緩和される可能性があった。

結果、チェコスロヴァキア亡命政府とイギリスは、利害の一致から現地レジスタンスとイギリス特殊作戦執行部（SOE）によるハイドリヒ暗殺計画「エンスラポイド（類人猿）」を立案する。元チェコスロヴァキア軍人であるヨゼフ・ガプチーク曹長とヤン・クビシュ軍曹を中核とするいくつもの暗殺実行／支援グループを、航空機によってチェコに輸送、機を見て作戦を実行するよう命じた。1942年5月27日、「エンスラポイド」作戦は実行に移され、ハイドリヒの乗った車がプラハ市街で待ち伏せを受けて攻撃され、ハイドリヒは重傷を負い、8日後の6月4日に死亡した。

首尾よくハイドリヒを排除したレジスタンスだったが、当然のように待っていたのはドイツ側の苛烈な反撃だった。暗殺チームは仲間の密告者により摘発され、プラハの聖ツィリル・メトデイ正教大教会で全滅。生き残っていたレジスタンス組織の大半も粉砕された。また、報復として、チェコの小村リディツェ村とレジャーキ村の住民のほぼ全員が虐殺された。

ハイドリヒ暗殺の成功で亡命政府は面目を保ち、連合国の政治的な後ろ盾を得ることになった。しかし、ハイドリヒの死とそれによるドイツ側による殺戮の嵐が吹き荒れた結果、チェコでの抵抗運動の気運は本当に消滅してしまい、以前のような全国レベルでの抵抗運動は不可能となってしまった。

レジスタンス闘争とプラハ蜂起

「エンスラポイド」作戦の成功とそれによるドイツ軍の反撃が吹き荒れた後、チェコのレジスタンス戦は停滞した。イギリス軍はSOEを使ってなおもいくつもの工作チームを空輸で潜入させたが、警戒を強化したドイツ軍にことごとく捕縛されるか、あるいは自分や家族の身を心配してドイツ側に投降してしまい、有機的な活動は当分行えそうになかった。イギリスが再度チェコに工作員を潜入させ、本格的な諜報活動を再開するのは1944年に入ってからだった。

この間、チェコではレジスタンス組織の再編が行われた。主役となったのは、ハイドリヒの暗殺後のドイツ軍の反撃から脱出し、山岳地帯や森林地帯に籠もったレジスタンスの残党たちだった。

こうした中、壊滅したUVODに代わってレジスタンス戦の主導権を握ったのが、三評議会とよばれる組織だった。UVODの残余を再編したこの組織は、これまでの経験から小出しの武力闘争を諦め、連合軍が反攻を開始し、前線がチェコに近づいてきたタイミングで全面的な蜂起に移るという戦略を選んだ。この三評議会はロンドンの亡命政府に認められ、正式な国内の武力組織となったが、ドイツ軍の治安維持活動によって活動を阻害され、個々のレジスタンス・ユニット間の調整を行う程度が限界だった。

ロンドンでも状況の転換が起こっていた。ベネシュが反攻の兆しが見えない西側連合国の代わりにソ連に接近し、1943年12月、ソ連＝チェコスロヴァキア友好協力相互援助条約が締結された。これにより、ソ連の物資や空挺部隊がチェコに空輸されるようになり、ソ連や共産党が主導してのレジスタンスが多数組織されるようになった。

1944年春には、チェコスロヴァキアには総勢7500

1945年5月、プラハでチェコ・レジスタンスが蜂起、ドイツ軍部隊を駆逐してプラハを解放した。イラストはシュコダ社の工場から奪取したヘッツァーに乗り、街路を行進するレジスタンスたち。このヘッツァーは主砲を搭載せず、防盾を鋼板で覆って機関銃を取り付けている。車体はプライマーレッド（下塗りの赤色の塗装）のままで、チェコスロヴァキアの国旗や国章、目のマークなどが落書きされていた。

人余りの、二種類のレジスタンス組織が並列して存在していた。イギリスによって支援された西側レジスタンス、ソ連から支援された東側レジスタンスである。このうち後者は他の共産系パルチザンの例に漏れず活発に動き、ドイツ軍に対する積極的な破壊工作を行った。

もちろん、ドイツ軍もこれに応じてレジスタンス掃討作戦を頻繁に行い、合わせて報復として一般市民を虐殺したが、レジスタンスの動きは止まらなかった。一方、都市を中心に活動していた「国民の防衛」（ＯＮ）はいまだ健在だったが、武器・弾薬をある程度備蓄していたものの、大規模蜂起を実行するにはほど遠い状況で、東側レジスタンスに比べてその動きは低調だった。

１９４５年４月、チェコは東からはソ連軍、西からは連合軍が攻勢を仕掛けるという特異な状況になった。この戦いの中、各レジスタンスはドイツ軍に対する蜂起を実施、次々に諸地域を解放していった。中でも首都プラハでは、５月５日、連合軍・ソ連軍の到着を前に、ＯＮを主力とした最大規模の蜂起が実施され、ドイツ軍を裏切ったロシア解放軍第１師団との共闘により市内のドイツ軍を一掃、さらに反撃に転じたドイツ軍部隊のプラハ進撃を阻止し、ソ連軍の到着までプラハを守り切った。ただし、ロシア解放軍第１師団はプラハ解放を手土産に戦後のチェコでの立場を確立する腹積もりで蜂起に加担しており、西側連合軍より先にソ連軍が到着することが明らかとなった瞬間に戦意を損失。米軍へと投降するべく西に脱出し、その後、ほぼすべての将兵がソ連に引き渡されるという過酷な運命をたどった。

戦後、チェコスロヴァキアは議会制民主主義国家として再度の独立を果たすが、戦争で大きな功績を挙げたソ連とチェコスロヴァキア共産党の影響力は大きく、３年後の１９４８年、西側が提案したマーシャル・プランの拒絶に端を発した政変により共産党が第一党となり、社会主義国家に転換して東側ブロックに組み込まれた。

スロヴァキア・レジスタンス

〝民族蜂起の死闘〟

ドイツによるスロヴァキア支配

前節で記した通り、独立国としてのスロヴァキアの成立は、チェコスロヴァキアに対するドイツの領土要求を英仏が仲介して収めた「ミュンヘン会談」がきっかけとなった。

当時のチェコスロヴァキアは、チェコ人が支配する西部のチェコと、スロヴァキア人が支配する東部のスロヴァキアの二つの領域の合同国家として成立していた。しかし、チェコが政治や経済の中心地、さらに工業地域として大いに栄えたのに対し、スロヴァキアは農業主体の地域であり、必然的にチェコスロヴァキアではチェコ人が主導権を握った。このため、同国では緩やかではあるが民族対立が醸成され、スロヴァキアでは独立を主張する団体の声が大きかった。その中心となったのは、スロヴァキア人民党だった。しかし、初代チェコスロヴァキア大統領トマーシュ・マサリクはチェコとスロヴァキアが一つであるべきとする「チェコスロヴァキア主義」を信奉しており、スロヴァキア人の自治獲得は進まなかった。

1935年にマサリクの後を継いだ二代目大統領エドヴァルド・ベネシュも、この「チェコスロヴァキア主義」の信奉者だった。しかし、ドイツのズデーテン地方割譲要求と、それを受けて開かれた「ミュンヘン会談」によりチェコのズデーテン地方がドイツに与えられたことから、ベネシュ政府の権威は地に落ち、スロヴァキアをはじめとする各地で民族の独立運動が激化した。

しかもその後、ハンガリーはマジャール人の多く住む南スロヴァキアとカルパチア・ルテニアの割譲をチェコスロヴァキア政府に要求。スロヴァキア人民党は自治政府の設置を宣言し、なし崩し的にスロヴァキアの自治権を握った。一方、ドイツはこの問題を収めるために第一次ウイーン裁定を開き、スロヴァキア領の南スロヴァキアとカルパチア・ルテニアのハンガリーへの割譲を命じた。

自治を獲得したはずのスロヴァキアではさらに独立への要求が高まり、チェコスロヴァキア政府はこれを弾圧。だが、ドイツはこれをさらなる好機と判断し、スロヴァキア人民党党首のヨゼフ・ティソをベルリンに招集する。ドイツ総統アドルフ・ヒトラーはここで、スロヴァキアを独立させなければドイツ軍をチェコスロヴァキアに介入させると脅した。ティソはこの脅しに屈し、1939年3月14日、スロヴァキアはティソを首班とする国家として独立を宣言した。破滅的な混乱の中、チェコにもドイツ軍が侵攻しこれを無傷で確保。チェコはドイツ領土「ベーメン・メーレン保護領」となり、チェコスロヴァキアは完全に消滅した。

スロヴァキア独立と同時に、スロヴァキア全土で大規模な反対勢力への弾圧が開始された。スロヴァキア領内のチェコ人は旧チェコ領に大量に送還され、終戦までに2万人が殺害された。また、チェコスロヴァキア共産党は非合法となり、共産党員たちは地下に潜った。ユダヤ人たちの一部はイギリスやフランスへと亡命した。

元大統領のベネシュはミュンヘン協定の締結後に大統領を辞任しロンドンに亡命しており、同地でチェコスロヴァキア亡命政府を樹立したが、ミュンヘン会談で英仏との関係にはしこりが生じており、早急な反攻を期待できる状態ではなかった。

スロヴァキア独立国における抵抗運動の始まり

1939年9月、ドイツ軍はポーランドに侵攻を開始した。第二次大戦の幕開けである。ドイツ軍はその後の1年間で瞬く間にポーランド、デンマーク、ノルウェー、オランダ、ベルギー、フランスなどを占領し、西欧の支配者となった。

この状況下、スロヴァキアでは平穏な日々が続いていた。ユダヤ人への弾圧は激化する一方だったが、大多数のスロヴァキア人はドイツの戦争景気の恩恵を受け、平時と変わらない生活を送ることができていた。ただ、スロヴァキア軍はドイツ軍からの求めに従い、ポーランド侵攻に参加するなどの協力を行っていた。また、スロヴァキアとしては、目下ウィーン裁定を覆し、南スロヴァキアなどを奪還することが目標となったため、ハンガリーとの争いが絶えなかった。

こうした状況下、弾圧された共産主義者たちは地下に籠もり続けるほかなかった。ドイツに対する抵抗運動には市民の協力が不可欠だったが、現状ではそれは夢物語に等しい。頼みの綱のソ連は、独ソ不可侵条約の締結によりドイツと敵対することはないと考えられ、支援を仰ぐことは困難だった。

こうした状況を一気にひっくり返したのが、1941年のドイツ軍によるソ連侵攻だった。スロヴァキアの共産主義者たちは大っぴらにソ連に支援を求められるようになり、抵抗運動主導のために全国の共産主義者たちを統括する中央革命委員会を組織した。

一方、スロヴァキア軍はこの独ソ戦に大々的に参加した。ウィーン裁定を覆すには、戦場で活躍し、ドイツの厚意を得なければならない。

スロヴァキア軍はソ連への進撃に第1、第2歩兵師団、および1個快速旅団を投入した。この戦力は後に再編され、快速師団と保安師団に分割された。

戦場でスロヴァキア軍は地獄を見ることになった。ソ連との戦いはドイツにとって絶滅戦争であり、各地で陰惨な虐殺が繰り広げられ、ソ連軍も同様の姿勢でドイツ軍に報復を行った。スロヴァキア軍の兵士たちはこの悲惨な戦いに「同盟軍」という立場で巻き込まれ、ドイツ軍の残虐行為やソ連軍の精強さを身をもって味わった。当然のように多数の兵士たちの間に戦争への恐怖と疑念が生まれ、それは帰郷した兵士たちによって本土の軍や市民の間にも伝播《でんぱ》していった。戦況もスターリングラード攻防戦を境に一転し、ドイツ軍の劣勢ぶりを示す報道が相次ぐようになっていった。

この結果、スロヴァキア共産党は息を吹き返し、第五次中央革命委員会の下、パルチザン闘争の準備を開始した。軍にもドイツ軍への抵抗を目指す者も出てきた。一方、亡命政権のベネシュもイギリスやフランスにある程度の見切りをつけてソ連に接近、1943年12月のモスクワ訪問でソ連＝チェコスロヴァキア友好協力相互援助条約が締結され、ソ連からの物資援助がスロヴァキアに送り込まれはじめた。

1943年12月25日、スロヴァキアの軍や共産党、市民などによる抵抗運動の代表が集まり、スロヴァキア民族会議が設立された。軍ではバンスカー・ビストリツァ軍管区参謀長ヤン・ゴリアン中佐などがこれに賛同し、ゴリアンは反乱軍の指揮官に命じられた。ソ連軍からは、キエフの「パルチザン運動ウクライナ本部」を通じ、多数のパルチザン兵士たちがスロヴァキアに空挺降下し、パルチザン部隊の創設に関わった。

こうしたパルチザン部隊の中で最大の戦力となったのは、スロヴァキア人を中心に創設された「ヤン・ジシュカ」パルチザン旅団である。スロヴァキア人のヤン・ウシャクに指揮されたこの旅団は、後述するスロヴァキア民族蜂起が開始される直前の1944年8月末にウクライナからチェコ東部に空挺降下し、スロヴァキア北西部での作戦を開始することになった。しかし、スロヴァキア民族蜂起の影響でチェコ～スロヴァキア間の国境がドイツ軍に封鎖されたため、やむなくモラビア(チェコ東部)での作戦に転換。イギリス軍の訓練を受けたチェコ側のレジスタンスや地元住民と合流し、ドイツ軍との交戦を続けながら10月末までに200人以上の男女の集団にまで成長した。11月にドイツ軍は掃討作戦を実施、旅団は壊滅状態になりながらも包囲を脱して再編し、ソ連軍と合流する1945年5月までドイツ軍の後方攪乱を続けた。その戦功は、名前の由来となったボヘミアのフス戦争の英雄、ヤン・ジシュカの名にふさわしい。

1944年に入ると、ソ連軍は東部戦線の全域で攻勢を発起。夏までにポーランドや東欧にまでドイツ軍を押し込んだ。スロヴァキア民族会議はこの状況を受け、軍を主力とした反乱軍によるスロヴァキア全土解放を計画した。ソ連軍がウクライナ方面からスロヴァキアへ侵入する際の入り口であるドゥクラ峠に達するのと前後して反乱軍が蜂起を行い、ドイツ軍を排除すると同時にソ連軍を迎え入れ、スロヴァキア全土を無傷に保ちながらソ連軍の西進を援護するという計画だった。

事前の計画では、①ソ連軍がドゥクラ峠に辿り着いた後に蜂起を発動する、②ソ連軍がドゥクラ峠に辿り着く前に蜂起を発動し、反乱軍が自らドゥクラ峠を確保してソ連軍を迎え入れる、以上の二つの案が用意された。

全面蜂起の準備が進む中、ソ連軍に支援された共産パルチザンも武力闘争を開始した。しかし、規模としては5000~8000人程度だったため、目立った戦果はなく、抵抗のインパクトもその後の全面蜂起に比べて小さかった。

スロヴァキア民族蜂起！　しかし……

1944年8月29日、ヤン・ゴリアン司令官は反乱の開始を命じた。ソ連軍はいまだドゥクラ峠に到達しておらず、従ってこの反乱は前述の②の計画に基づくものだった。しかし、ゴリアンは合計3万人以上にもおよぶ反乱軍の戦力をもってしてならば、スロヴァキア中部と東部を制圧し、ソ連軍を迎えることができると考えていた。スロヴァキア共産党に指導されたパルチザン部隊約8000人もこれに加わっている。

スロヴァキア反乱軍の指揮を執ったヤン・ゴリアン。最終時の階級は旅団将軍（少将相当）。その最期はドイツのフロッセンビュルク強制収容所において絞首刑もしくは拷問死したと伝えられている

そしてこの蜂起はまったくの悲惨な推移となった。ゴリアンの直卒部隊が実施した中部での反乱こそ完全に成功したものの、東部での反乱は担当指揮官が部隊の説得をおろそかにしていたがゆえに初動でもたつき、そうこうしているうちにドイツ軍が反撃を開始、指揮官はあろうことか、すぐさまソ連側に亡命してしまい、混乱の中で反乱は終息してしまった。

反乱に参加したスロヴァキア軍の大部分はドイツ軍の捕虜となり、収容所に送られた。また、ソ連軍もこの蜂起に部分的に呼応してドゥクラ峠に攻勢を行ったものの、ドイツ軍の巧みな防御戦により攻勢を粉砕され、短期間でのスロヴァキ

ア侵攻は不可能になってしまった。

かくして、ゴリアン率いるスロヴァキア中部の部隊は孤立無援の状態になり、2カ月間の必死の抵抗の末に、本拠地バンスカー・ビストリツァ周辺での戦闘を最後に壊滅した。反乱軍は地元の有志達の参加により一時期は4万人以上の大兵力となり、バンスカー・ビストリツァ東方のブレズノでは反乱軍が指揮する装甲列車「フルバン」が戦闘に参加するなど各地で激戦が展開されたが、四方八方から攻め寄せるドイツ軍の反乱鎮圧部隊に抗することはできず、10月28日に戦闘を終結、残余は山岳地帯へと脱出した。司令官のゴリアンはドイ

スロヴァキア領内の山中に籠もり、抵抗運動に向けて英気を養う「ヤン・ジシュカ」パルチザン旅団の兵士たち（の女体化）。その名は15世紀にボヘミアで起きたフス戦争（キリスト教の一派・フス派とカトリックとの戦い）におけるフス派指導者にして、チェコスロヴァキアの民族的英雄であるヤン・ジシュカにちなむ。

ツ軍の捕虜となり、翌年に絞首刑となった。

その後も、脱出した軍残余やパルチザンはスロヴァキアで抵抗を続けたものの、防御を固めたドイツ軍に有効な打撃を与えることはできなかった。しかも、ドイツ軍は報復として90以上の村を焼き、５０００人以上の市民やユダヤ人を殺戮した。ソ連軍は10月までにドゥクラ峠を制圧することに成功したが、10万人以上の損害を受け、再度の攻勢を行うには長い休養が必要となった。結局、ソ連軍は翌１９４５年1月に攻勢を再開、4月までにスロヴァキア全土を解放したが、それまでにスロヴァキアのインフラはドイツ軍により破壊し尽

1944年8月29日、ヤン・ゴリアン率いる反乱軍が蜂起、スロヴァキア民族蜂起（民衆蜂起とも）が始まった。ソ連軍によるポーランド～スロヴァキア国境のドゥクラ峠の確保に呼応して行われる計画もあったが、ソ連軍の作戦は失敗、蜂起自体も作戦に不徹底な面があり、失敗に終わった。イラストは反乱軍の兵士たちと、反乱軍により使用された装甲列車「フルバン」。

くされていた。

　戦後、スロヴァキアは大統領に復帰したティソの下、再び「チェコスロヴァキア」としての道を歩むことになった。しかし、戦時中に存在感を大きくした共産党の抵抗によりこの政権は瓦解、1948年からは社会主義国家として歩むことになる。チェコスロヴァキアが社会主義のくびきから逃れ、民主化を果たしたのは1989年（ビロード革命）。ソ連崩壊後の1993年には連邦解消法に基づき、チェコ共和国とスロヴァキア共和国の二国となって、現在に至っている。

　結果だけを見れば、スロヴァキアの対ドイツ抵抗は大失敗に終わったと言えるだろう。しかし、大規模な反乱で一時的にではあるが、領土の半分を奪還し、ドイツ軍の大兵力を引き付けたことは大きな成果と言える。現在のスロヴァキアでも、反乱が開始された8月29日は「スロヴァキア国民蜂起記念日」として国家の祝日となっている。

スロヴァキアのズヴォレンに展示されている装甲列車「フルバン」の実物大レプリカ
写真／Martin Hlauka（Pescan）

ハンガリー・レジスタンス

〝最後の親独国の下で〟

ハンガリーのWWⅡ

ハンガリーは中央ヨーロッパの一国である。バルカン半島の北部に位置し、第二次大戦開戦時は北にスロヴァキアとポーランド、東にルーマニア、南にユーゴスラヴィア、西にドイツ（オーストリア）と国境を接していた。

第一次大戦時、ハンガリーはオーストリア＝ハンガリー二重帝国の一部だった。近世において、ハンガリーはハプスブルク家に支配されたオーストリア帝国に組み込まれていたが、19世紀以降はハンガリーにおける民族運動が活発

第二次大戦前夜の欧州とハンガリー

ハンガリーは第一次大戦の講和条約・トリアノン条約により、その領土をルーマニア、チェコスロヴァキア、ユーゴスラヴィアなど周辺諸国に割譲した。1930年代後半、ハンガリーはドイツの後ろ盾を得て、二度のウィーン裁定の結果、これらの領土の一部を奪還している。

化、その独立が叫ばれることになった。オーストリアはこれを防ぐため、ハンガリーの自治拡大を認め、ハプスブルク家がオーストリア帝国とハンガリー王国に二重君主として君臨するという体制とした。

第一次大戦でオーストリア＝ハンガリー帝国はドイツ側に立って参戦、連合国（協商国）と戦った。しかし、最終的に連合国に敗北。オーストリア＝ハンガリー二重帝国は崩壊し、ハンガリーでは共産主義者の革命騒ぎと同時にルーマニア軍やチェコスロヴァキア軍などが侵攻し、無政府状態に陥った。

１９２０年、ハンガリー海軍のホルティ提督率いるハンガリー国民軍が政権を奪取し、ようやくハンガリーの状況は安定したが、その後に諸外国と結ばれたトリアノン条約により、ハンガリーは多数の領土を失い、多額の賠償金を課せられることになった。

戦間期、ハンガリーはホルティの下で安定した政治が行われたものの、１９３０年代になってイタリアやドイツがファシズムを掲げて武力と恫喝《どうかつ》で領土拡張を目指し始めると、これに同調、自らも失地回復を狙うようになった。ハンガリーは特にドイツの軍事力の威を借ることに成功し、ミュンヘン会談やウィーン裁定などのドイツが主導権を握った国際会議でルーマニアやチェコスロヴァキアから領土を奪還することに成功する。第二次大戦勃発後の１９４１年春に実施されたドイツ軍のユーゴスラヴィア侵攻にも参加し、同国からも旧領土を奪還した。

１９４１年6月、ハンガリーは対ソ戦を開始したドイツ軍に乗じて自らもソ連に宣戦を布告。ドイツ軍とともに東を目指した。当初は（ドイツ軍の電撃戦の威力により）順調に進んだハンガリー軍の進撃も、１９４１年冬以降のソ連軍の反撃によって鈍り、翌年のスターリングラード攻防戦では派遣したハンガリー軍1個軍が壊滅するという大損害を受けた。

悪化する戦況の中、ホルティはドイツとの共倒れを避けるために連合国との交渉を開始するが、その兆候をドイツ軍に察知され、逆に親独政党である矢十字党を担ぎ上げたクーデターを起こされて失脚する。戦争離脱の機会を失ったハンガリーは、矢十字党政権下のままソ連による本土侵攻を迎えるという最悪の状況に陥った。

１９４５年春までにハンガリー全土はソ連軍によって制圧されたが、ハンガリー軍残余はオーストリアで、ドイツ軍とともに終戦まで戦い続けることになった。

ハンガリーにおけるユダヤ人迫害

戦前戦中を通じ、ドイツと外交的・軍事的に協調したハンガリーだったが、ユダヤ人対策については全般としてその限りではなかった。１９４１年の段階で、ハンガリーには81万人のユダヤ人が暮らし、そのうち20万人以上が首都ブダペストにいた。

ハンガリーの指導者であるホルティは反共主義者であり、同時に反ユダヤ主義者ではあったが、ドイツの度を過ぎたユダヤ人迫害については同意していなかった。1938年と39年、ハンガリーではドイツのニュルンベルク法に似たユダヤ人差別の法律が制定されたが、特にユダヤ人の生活は大きく変わらなかった。

最初にハンガリーがユダヤ人の本格的な迫害に手を染めたのは、1941年8月、1万6000人以上の外国籍ユダヤ人（主にポーランド系）が追放された際だった。彼らはナチス・ドイツの親衛隊によって、東部ガリツィアに連行され、ほとんどが射殺されたという。しかし、この迫害はホルティにとっても予想を上回るものだったらしく、すぐにハンガリー側の作戦は中止された。1942年以降、ハンガリーはユダヤ人問題からほとんど手を引き、大規模な迫害は実施されなかった。ドイツ軍がロシア系ユダヤ人の虐殺を繰り返していた東部戦線でさえ、ハンガリー軍には5万人のユダヤ人がいた。

状況が急転するのは1944年3月、ドイツ軍がハンガリーに侵攻し、その全土がドイツ軍の占領下となった後である。ドイツ軍はハンガリーの政治機構を支配し、ハンガリー警察と共同でユダヤ人の狩り立てを開始した。狩り立ては地方から行われ、やがて首都ブダペストにも波及、ユダヤ人の多くはゲットーに送られ、そこから国外の絶滅収容所へと移送されていった。

ホルティの連合国との交渉が成功すれば、この悲劇は回避できたかも知れないが、ドイツ軍と矢十字党のクーデターにより、そのチャンスは失われていた。ドイツ軍と矢十字党はハンガリーにソ連軍が侵攻する中であってもユダヤ人の狩り立てと移送を行った。ソ連軍に包囲され、移送が不可能になったブダペストでは、代わりに現地で虐殺が繰り広げられたという。

ハンガリーにおける反ドイツ運動の低迷

ハンガリー国内におけるレジスタンス運動や反ドイツ運動は、結論から言ってしまえば第二次大戦を通して低迷した。

理由としては、第一に、ハンガリーはドイツによる被占領国ではなく、ドイツに内政問題で従う必要がなかったこと、第二に、1944年までユダヤ人迫害の程度が小さく、ユダヤ人コミュニティの反発を招かなかったこと、第三に、ドイツ追従によるハンガリーの領土拡張方針そのものが大多数のハンガリー市民にとっての希望であり、ハンガリー政府の意向に不満が噴出しなかったことが挙げられる。ハンガリー市民には、ドイツの同盟国というだけでハンガリー政府に抵抗する必要がなかったし、隣人であるユダヤ人を守る必要を、少なくとも1944年まで感じていなかった。

こうした状況下、唯一ハンガリーで反政府行動を行っていたのが、ハンガリー共産党である。しかし、ハンガリーの市民は第一次大戦後の混乱が共産主義者による革命騒ぎによるものと認知していたため、ハンガリー共産党の人気は低く、活動も積極的でなかった。1942年にはハンガリー国内で共産党員の大量逮捕が行われ、組織としても壊滅してしまった。

このため、1944年春以降のドイツ軍と矢十字党による急速なホロコーストの拡大に、ハンガリー市民は対応できなかった。ユダヤ人の保護は、ユダヤ人たち自身の力か、あるいは外部からの救いの手に頼るほかなかった。

ユダヤ人救済のための戦い

1942年4月、スロヴァキアでのユダヤ人輸送が本格化し、これがハンガリーへのユダヤ人難民の流入につながった。ユダヤ人コミュニティの中で、この難民の救助が大きな命題となり、ユダヤ人たちは「救援と救助の委員会」を立ち上げた。この組織はブダペスト救済委員会とも呼ばれた。

「救援と救助の委員会」は難民の救済を目的としていたが、非合法活動にはあまり手を染めなかった。1944年、委員会の何人かはハンガリーからのユダヤ人輸送を推し進めるナチス親衛隊員アドルフ・アイヒマンと接触し、金品を差し出す代わりにユダヤ人輸送を停止し、パレスチナへの脱出を認めるよう要望した。

アイヒマンは基本的にこれに同意したものの、連合国が他国から輸入している物品を対価としてユダヤ人を解放するという条件を付けた。交渉に当たっていた「救援と救助の委員会」のメンバーはこれを実現するべくパレスチナに渡り、現地のユダヤ人組織と交渉した。「連合国の手に渡るはずだった物品でハンガリーのユダヤ人を救う」という条件はユダヤ人組織や連合軍で大きな論争となり、最終的に敵に利する面が大きいとして棄却された。

ハンガリーでは「救援と救助の委員会」の一部のユダヤ人が独断でドイツ側と交渉、金品で解放の権利を買い、1600人余りを無事にスイスへと逃すことができた。ただ、この交渉は戦後に問題となり、当事者となったユダヤ人は裁判にかけられている。

一方、戦時中のパレスチナでは、東欧出身のユダヤ人たちが祖国の窮状を憂いていた。パレスチナのユダヤ人たちは、ヨーロッパのユダヤ人難民からの情報で、ドイツがユダヤ人の大量殺戮を行っていることを掴んでいた。このままでは遠からず自分たちの祖国のユダヤ人たちも殺戮の対象になりかねない。

祖国に戻り、同胞を助けたいというパレスチナの東欧出身のユダヤ人の願いと、この事業によりバルカン半島のユダヤ人を亡命させてパレスチナのユダヤ人口を増やしたいユダヤ人指導者たち、そしてヨーロッパにエージェントを送り込みドイツ軍の内情を把握したいイギリス軍の利害はここに一致した。パレスチナのユダヤ人軍事組織ハガナーは、祖国の同胞救援を望む東欧出身のユダヤ人たちをリクルートし、イギリス特殊作戦執行部（SOE）に編入して特殊部隊の訓練を行わせた。

1944年3月、イギリス特殊作戦執行部はユーゴスラヴィアに何名かのユダヤ人エージェントを降下させた。彼らは二つのグループに分かれて降下し、ユーゴスラヴィアのパルチザンに支援されて5月に合流を果たした。その中にはハンガリー出身で23歳の若き女性エージェント、ハンナ・セネシュ（※）も含まれていた。

エージェントたちはすぐにでもハンガリーへの侵入を試みたかったが、この時期、ハンガリーではドイツ軍の全土占領が行われ、国内のユダヤ人たちの状況は悪化、国境の警備も厳重となっていた。本来なら作戦を中止するべき状況と言えたが、セネシュをはじめとするエージェントたちは同胞を救うために、あえてハンガリーへの侵入を目指した。結果、何人かがハンガリーの国境を通過し、ブダペストに到着することができたが、セネシュら数名はドイツ軍に捕縛され、拷問の末、射殺された。ブダペストに到着したエージェントたちは「救援と救助の委員会」と接触したものの、当時アイヒマンと直接交渉を行っていた者たちにとってパレスチナのユダヤ人と関係を持つことはリスクとなり、大きな協力は得られなかった。彼らもほどなくゲシュタポ（秘密警察）に逮捕されたが、一部は脱走に成功し、ブダペストでユダヤ人救済の活動を終戦まで続けた。現在のイスラエルでは、ハンナ・セネシュらエージェントたちは英雄として称えられている。

また、ユダヤ人の大量殺戮が急速に拡大していた大戦末期のハンガリーで、ユダヤ人救済に尽力した人物がスウェーデン外交官のラウル・ワレンバーグである。

ワレンバーグはスウェーデン生まれのスウェーデン人でユダヤ人ではなかったが、外交官に至るまでの経歴の中でユダヤ人たちと親しくなり、ナチスのユダヤ人迫害に心を痛めていた。1944年、米国のユダヤ人ロビーの要望により、危機が迫るハンガリーに外交官として赴任することになり、そこで外交官の特権を活かしてユダヤ人救出に乗り出した。

方法としては、スウェーデンの外交官特権とされた「保護証書」の発行により、ユダヤ人を海外に亡命させるというも

（※）ハンガリーでは日本と同様、姓・名の順で表記するため、ハンガリー語圏の表記に従えば「セネシュ・ハンナ」となる。

のだった。彼のこの活動により10万人ものユダヤ人が国外に逃れることに成功した。

言うまでもなくドイツ軍はワレンバーグを目の敵としたが、スウェーデンとの外交問題になることを恐れて直接的な手段には打って出なかった。しかし、ブダペスト市街戦がソ連軍の勝利で終結した後、ワレンバーグは今後のユダヤ人保護の在り方についてソ連軍司令部と会見するべくその司令部に向かい、そこで消息を絶った。

その後のワレンバーグの動向については諸説あるものの、ソ連の強制収容所で死亡したという説が有力である。現在の

ハンガリーのユダヤ人たちを救うべく、ユーゴスラヴィアに空挺降下、現地のパルチザンと合流の上、ハンガリー国境を目指す女性エージェント。彼らの一人、ハンナ・セネシュはハンガリー出身のユダヤ人で、後にイギリス委任統治領（当時）パレスチナへ渡航、準軍事組織「ハガナー」に参加した。1943年、英軍のリクルートに応じた彼女はエジプトで英特殊作戦執行部（SOE）の訓練を受け、1944年3月、ユーゴスラヴィアへの降下作戦に参加している。

イスラエルでは、彼もまた英雄として称賛されている。

ハンガリーでのホロコーストの嵐が止むのは、ソ連軍がハンガリー全土を制圧した１９４５年春であった。ハンガリーにおけるユダヤ人の犠牲者数は定まった数字がないが、一説には１９４４年末までに約56万人の命が失われたという。

スウェーデン名義の「保護証書」を盾に取り、ハンガリーのユダヤ人をドイツ軍の魔手から救おうとしているスウェーデン人外交官。ラウル・ワレンバーグが発行した「保護証書」は、実際には国際法上の効力はなかったが、スウェーデンとの国際関係悪化を懸念したドイツには通用し、結果的に多くのユダヤ人を救うことができたと言われる。なお、ワレンバーグはハンガリー戦後にソ連に捕らえられ、米側のスパイ容疑をかけられて死亡したとされる。その消息は長年謎に包まれており、スウェーデン政府が死亡認定したのは2016年10月のことだった。

ポーランド国内軍❶

〃絶滅か、抵抗か〃

ポーランドの占領

よく知られているように、第二次大戦は1939年9月1日、ドイツ第三帝国によるポーランド共和国への侵攻によって開始された。

ドイツ第三帝国の総統アドルフ・ヒトラーは、ドイツの人口を現時点でのドイツ領土では養えないと考えており、自らの民族の生存圏の確立のため、東方、つまりはポーランドやヨーロッパ・ロシアを戦争によって植民地とすることを構想しており、そのためにポーランドやヨーロッパ・ロシアで暮らすポーランド人やロシア人は追放や殺害しても致し方がない存在としていた。また、ポーランドやその周辺の国々には多数のユダヤ人も暮らしていたが、ナチスは彼等も追放・殺害の対象としていた。

ドイツ軍のポーランド侵攻は大きな成功を収め、9月17日にはワルシャワが包囲された。同日、東方ではソ連軍が独ソ不可侵条約の秘密議定書に従ってポーランドに侵攻を開始。29日までにワルシャワは陥落し、ポーランドでの戦闘は10月初めまでに終結した。ポーランドは独ソに分割統治され、ポーランド人による自治政府の存在は認められなかった。

ポーランド政府はフランスに亡命、ポーランド軍も国内での抵抗を諦め、部隊の国外への退避や地下への潜伏を奨励し、

第二次大戦前夜の欧州方面とポーランド

第一次大戦後に独立したポーランド共和国だが、1939年8月23日締結の独ソ不可侵条約の秘密議定書で、独ソにより東西分割されるものとされた。同年9月1日にはドイツが侵攻を開始、17日にはソ連軍が東側の国境から侵攻を始め、ポーランド軍は10月6日に組織的抵抗を終了した。以後、独ソ戦の開始（1941年6月22日）まで独ソにより占領されている。

軍そのものは亡命したポーランド政府の指揮下に置かれることになった。

ポーランド国内軍の発足

ポーランド戦の終了間際の9月27日、ポーランド軍のミハウ・カラシェヴィチ＝トカジェフスキ中将により、ポーランド勝利奉仕団が結成された。トカジェフスキ中将はワルシャワ包囲の際、ワルシャワ防衛を担うワルシャワ軍の副司令官を務めていた。ポーランド勝利奉仕団はこのワルシャワ軍司令官の命令で創設され、ポーランドがドイツ軍に占領された後の、いずれポーランドを再び解放するための武装闘争の継続や、そのためのポーランド軍の再生と再編成、秘密政府(ポーランド地下国家)の設立を目的としていた。ドイツ軍との戦闘終結以前に正規軍と直結した地下抵抗組織が誕生している点で、ポーランドは他のドイツによる被占領国家と一線を画す感がある。

ポーランド占領から1カ月半後の11月13日、ポーランド勝利奉仕団の再編組織として、武装闘争同盟が設立された。武装闘争同盟は大きく二つの組織に分かれ、一つはドイツ占領下のポーランド西部で抵抗を実施する部隊、もう一つはソ連が占領した東部で抵抗を実施する部隊だった。前者はワルシャワに本部が置かれ、ポーランド戦役中にワルシャワ機械化旅団を率いたステファン・ロヴェツキ大佐が指揮官となった。後者はリヴィウに本部が置かれ、前述のトカジェフスキ中将が指揮を執った。

武装闘争同盟そのものはパリに逃れた亡命政府の首相にしてポーランド軍最高司令官となったヴワディスワフ・シコルスキ中将の指揮下にあった。ただ、パリとドイツ軍占領下のワルシャワおよびリヴィウとの間はあまりに遠く、シコルスキ中将が統制できる範囲は限られていた。武装闘争同盟は全国的な組織で、いずれ国外のポーランド軍がポーランドに到着した際、全国的に蜂起を行うことでその進攻を助けるのが主任務とされた。しかし、１９４０年にドイツ軍の西方侵攻でフランスが崩壊、ポーランド亡命政府がパリからの脱出を余儀なくされると、シコルスキはワルシャワのロヴェツキに全権を与え、ポーランド亡命政府の承認なしに行動することを許した。以後、ポーランドの地下抵抗組織はポーランド政府と綿密に連絡を取りつつ、独自の戦略で抵抗運動を実施していくことになる。

１９４２年2月14日、シコルスキは武装闘争同盟を国内軍と改名した。組織的な変化は一切なかったが、この名称変更により、国内軍の全兵士・全部隊はポーランド政府と結びついた武装兵力(正規軍)であることを示すようになった。

１９４２年の段階で、武装闘争同盟の人数は約４万人だったとされる。その後、ポーランド国内に存在した様々な抵抗組織を糾合し、1944年夏の段階での国内軍の規模は25万以上、一説には39万程度だったともされている。ただ、国内軍の総数には諸論があり、はっきりとしておらず、ドイツの諜報機関はその総数を10万～20万と推定していた。

国内軍司令部は人事や宗教を担当する第一部門、諜報活動と対諜報活動を担当する第二部門、作戦立案や訓練、全国規模の蜂起の計画や各部隊の調整を行う第三部門など、多数の部門に分かれており、各地の抵抗組織を有機的に指揮することが可能だった。また、国内軍司令部には直属の特殊作戦部隊として「ケディウ」と呼ばれる部門があり、インフラや兵器工場の破壊、捕虜・人質の解放、ドイツに協力するポーランド人の処刑、ドイツ要人の暗殺などを任務としていた。

国内軍は各地域に野戦軍司令部を置き、司令部ごとに独立した作戦を可能にした。例えば、1944年秋のワルシャワ蜂起の舞台となったワルシャワ周辺については、国内軍ワルシャワ戦区司令部が統率し、その下に東部地区、西部地区、北部地区、南部地区があった。各地区にも司令部が置かれ、地上部隊の指揮も行われた。例えば、東部地区には1943年、1万4000人の兵士および民間人が属し、第8歩兵師団と第9歩兵師団、マゾフシェ騎兵旅団が所属していた。各師団は2～3個歩兵連隊で編成されている。ただし、兵力は通常の正規軍に比べて大きく劣り、例えば第8師団の人員は約2000人程度で、そのうち320人が女性だった。また、各部隊、各戦区などには特別なコードネームが割り振られた。

国内軍への財政的な支援は、亡命政府の財務省から資金提供されていたが、戦争が進むにつれて、地下紙幣工場……つまり、ワルシャワにあるドイツ管理下の印刷工場でポーランド貨幣（ズロチ）が生産され、それらはイギリスでも印刷されてポーランドに送られた。また、1943年8月には、「ゴラル」作戦と呼ばれる、1億5000万ズロチを運ぶ輸送車の強奪作戦が「ケディウ」の特殊部隊によって実施され、見事に成功を収めた。この作戦の成功は、ポーランドにおける抵抗運動の中でも有数の成功事例とされている。

国内軍の兵士は大きく分けて三つのグループに属していた。一つは、ワルシャワのような大都市で、一般市民を装って抵

ワルシャワ蜂起（次節参照）におけるポーランド国内軍の兵士たち。写真中央の兵士は、ステンガンをベースにポーランド国内軍が独自開発した短機関銃「ブリスカヴィカ（稲妻の意）」を構えている

抗活動を行う潜入工作員のグループ、もう一つは、森林地帯に身を隠し、実際の武力活動を行う野戦部隊のグループ、最後は、最初の潜入工作員のグループと接触し、その活動を補佐するとともに、全面蜂起の際には一斉に活動を開始する（つまり、平時は軍事的な活動を行わない）パートタイムの集団だった。

　このうち最大の数となったのが、最後のパートタイムの集団だった。前述の通り、ポーランド国内軍は全面蜂起を友軍のポーランド進攻に合わせて行う予定であったため、彼らに声が掛かることは滅多になかった。また、二つ目の野戦部隊のグループは「森林の人々」と呼ばれ、多数がポーランド各地の森林地帯に展開していた。彼らの数は1200〜4000人に上る。これらの野戦部隊を統合したのが、前述の「師団」や「連隊」だった。

　国内軍の武装については、ドイツ軍からの鹵獲《ろかく》、連合軍からの提供か、独自の生産によって充足していた。ただ、国内軍全体の規模に対して武器は全く不足しており、1944年における国内軍の兵士への武器充足率は約12・5％しかなかったという。

ポーランド国内軍の戦い

ポーランド国内軍は第二次大戦を通して、ユーゴスラヴィアのチトー・パルチザンに次ぐ規模であり、中央ヨーロッパでは文句なく最大規模の対独抵抗組織だった。ただ、チトー・パルチザンと比べると、1944年に行った「テンペスト（嵐）」作戦を除けば、国内軍を挙げての積極的な作戦は行っていない。国内軍としては、最も重視するべきは友軍接近時の全面蜂起であり、それまでは余力を残しつつ抵抗運動を行う必要があった。ただ、局地的にはドイツ軍によって命の危機にさらされたポーランド市民を救うため、ドイツ軍との戦闘に積極果敢に挑んだこともあった。

　その事例の一つがザモシチ蜂起と呼ばれる、1942年末から1944年春まで続いた、ザモシチを巡るドイツ軍とポーランド国内軍の連続した激しい戦闘である。

　ザモシチは現在のポーランド南東部・ルブリン県の都市、ザモシチ一帯の地域である。ザモシチ一帯は農業が盛んで、まさにナチスが望むドイツ国民の東方への植民先にふさわしい場所だった。このため、ドイツ軍による占領後すぐにポーランド市民の強制追放が始まり、空になった住居や農地にドイツ人が入植を始めた。

　ドイツによる追放を恐れ、ザモシチから逃れたポーランド市民は難民化し、森林に逃げ込んだ。国内軍はこうした難民を保護するとともに、追放と入植を妨害するために積極的な攻勢を決意。入植したドイツ人の家々を焼き払い、拘束された人々を救出した。また、ドイツ側が撤収した村々を占拠し、自らの支配地域とした。

ザモシチで活発に活動する国内軍に対し、ドイツ軍は幾度も掃討作戦を実施したものの、国内軍の抵抗も強固であり、長期にわたってザモシチの一部を確保し続けた。しかし、1944年春に行われた一連の攻勢作戦で、国内軍は死闘の末に大打撃を受け、積極的な抵抗を放棄せざるを得なかった。ザモシチ一帯はこの戦いで荒廃し、その4カ月後には東からポーランドに攻め入ったソ連軍に解放された。

このように国内軍やポーランド市民の抵抗は、ドイツ側の

ナチスの標榜する"東方生存圏"の構築に基づき、占領されたポーランドの目ぼしい一部地域はドイツ人入植地とされて、従来居住していたポーランド人たちは追放・移住等の憂き目に遭うこととなった。これを逃れたポーランド人の一部は森林地帯に逃げ込み、難民と化した。イラストは難民化したポーランド人たちを避難させるポーランド国内軍の兵士(の女体化)。

激しい報復を招くのが常であり、果たしてそれがポーランド市民の命を守るために是とすべき行動であったのかは個々の事例で異なり、一部は批判の対象となっている。

　これに対し、報復を受けることが少ない国内軍の諜報活動は、連合軍全体に大きな貢献を果たした。特にV1、V2ロケットについて、国内軍は自らの諜報網を活かして情報を収集し、両兵器による攻撃が開始される以前の1943年に、これらの兵器がペーネミュンデで開発されているという報告をイギリスにもたらした。この情報に基づき、イギリス軍はペーネミュンデや関連生産工場に対する空襲の度合いを強め、

ドイツはポーランド中部のブリズナにV2ロケットの実験場を築き、発射実験等を行った。実験場近くにはV2ロケットの破片や残骸が散乱し、中には湿地帯にほぼ無傷で落ちたV2ロケットもあったことから、ポーランド国内軍はこれらを回収・調査している。イラストはV2ロケットの部品回収と調査に当たる国内軍の兵士たち。こうして得られたV2に関する情報は、イタリア半島の英軍占領地を離陸し、ドイツ軍が放棄したポーランド国内の飛行場に着陸したダコタ輸送機（C-47輸送機）に載せられ、イギリスへもたらされた。同作戦は「モストIII」作戦と呼ばれている。

ドイツ軍のロケット兵器による犠牲者の軽減につながったとされている。

また、ドイツ軍がV2ロケットの発射実験場をペーネミュンデから、連合軍の爆撃機の航続距離外にあるポーランド中部のブリズナに移転すると、今度はその残骸を回収し、イギリス空軍と協力し、イギリス本土にこれを運び入れるという作戦を成功させた。

1943年4月19日には、ワルシャワのゲットーでユダヤ人が反乱を開始、いわゆる「ワルシャワ・ゲットー蜂起」と呼ばれる戦いが勃発した。最初に述べた通り、ドイツは東方のユダヤ人の排除を方針としており、ドイツ軍占領下のポーランドにおけるユダヤ人のほとんどが強制移住区域（ゲットー）や強制収容所に隔離された。1942年以降、その「排除」の方法の基本はユダヤ人の殺害となり、強制収容所での虐殺が順次進められていった。ワルシャワ・ゲットー蜂起は、強制収容所に移送させられることが確実視されていたワルシャワ・ゲットーのユダヤ人たちによる、身命をなげうっての抵抗だった。当時のワルシャワ・ゲットーには、戦闘員約750人、一般のゲットー市民約5万6000人がいたとされる。

国内軍はこのワルシャワ・ゲットー蜂起のために、ゲットー内のユダヤ人に武器を供与するなどの支援を行った。ただ、その供与は最低限度のもので、また、国内軍がゲットー内のユダヤ人たちに武器を渡したのはユダヤ人たちがドイツ人との戦闘を決意した後だったとされている。国内軍の内部のユダヤ人は1000人あまりだったとされ、国内軍はユダヤ人の迫害こそ方針として行わなかったものの、ドイツ人によって識別されやすいユダヤ人を自らの軍に招くことには消極的で、蜂起やゲットーへの武器供与も国内軍主導で行われたものではなかった。

ワルシャワ・ゲットー蜂起は初動こそ成功してドイツ軍を驚かせたもの、すぐに開始された反攻作戦で潰え、生き残ったユダヤ人のほとんどが強制収容所に輸送されて殺害された。国内軍はこの反乱中、わずかな人員がゲットー内への侵入や脱出者の支援に当たった。この蜂起で生き残り、脱出に成功したユダヤ人たちの一部は、1年後のワルシャワ蜂起で再びドイツ軍と戦った。

ポーランド国内軍②

〝絶滅か、抵抗か〟

ルブリン政権の台頭と隣国人との戦い

戦時中、ポーランド国内軍はドイツ軍だけでなく、ソ連軍への対抗も考慮に入れなければならなかった。

1942年冬から翌年初めにかけて行われたスターリングラード攻防戦の結果、東部戦線の戦略的優位はソ連軍に傾いた。東部戦線でソ連軍の反攻が続けば、いずれソ連軍はベラルーシ(白ロシア)を奪還し、最終的にはポーランド国境に接近する。

ポーランド国内軍、そしてロンドンのポーランド亡命政府にとって、ソ連との関係は難しいものとなった。

第一に、ポーランド亡命政権にとって、ソ連はかつての敵そのものだった。ポーランドは1939年の戦いで、ドイツと戦っている最中にソ連から背後を突かれて敗退した。ドイツがソ連に侵攻を開始したことで「敵の敵は味方」の関係になったが、信頼には値しない。しかも、ソ連は自らが占領、併合したポーランド領の西端（カーゾン線）を戦後のソ連～ポーランドの国境線とし、ポーランドの西側の国境線をより西に(ドイツ側に)ずらすことで損失分を補うという領土案を提示していた。米英はこれに同意していたが、ポーランド亡命政権は拒絶を続けていた。

ワルシャワ蜂起

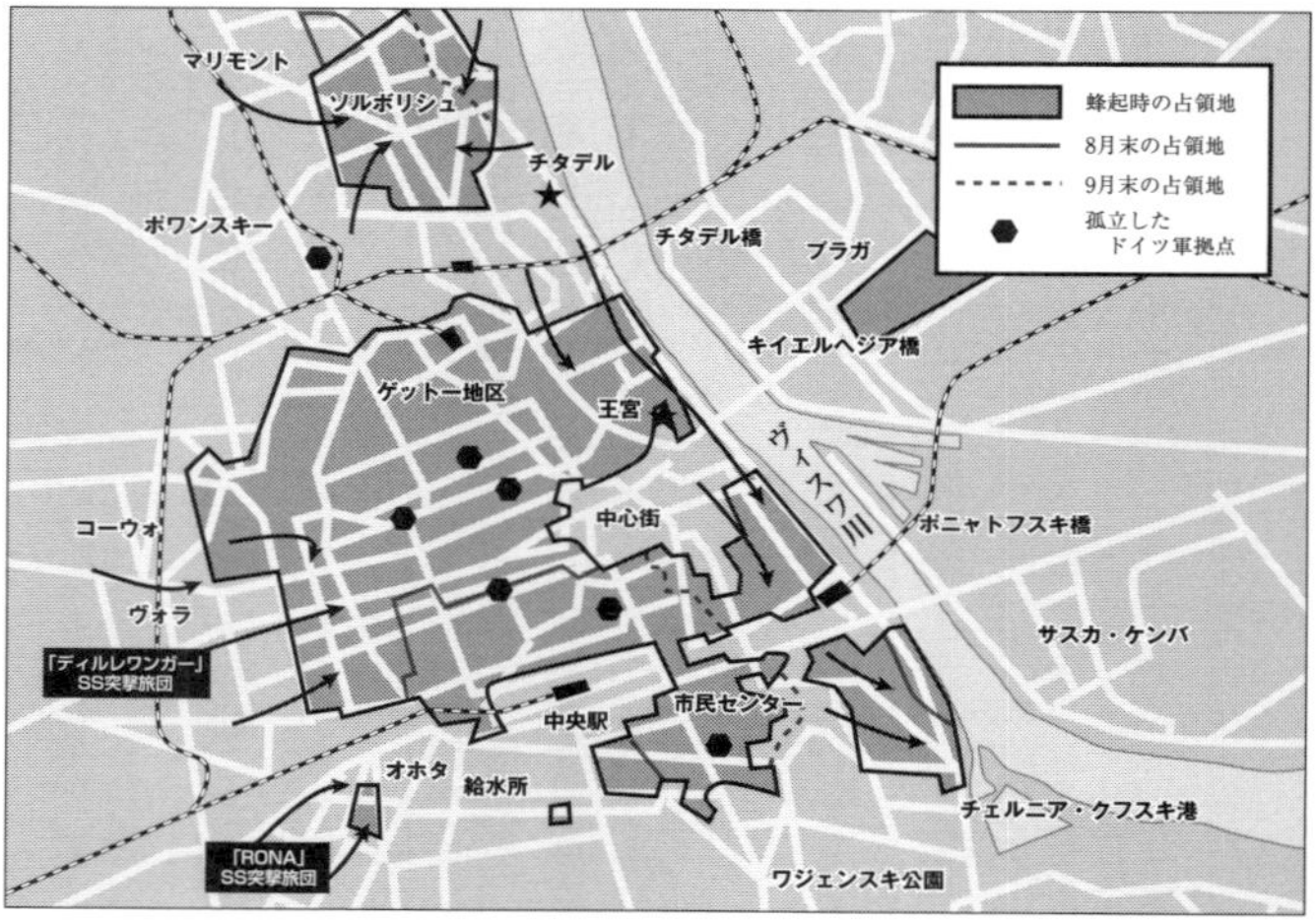

1944年8月1日、ソ連軍がワルシャワに迫るのを見越したポーランド国内軍は蜂起を実施、ワルシャワ市中心部のヴィスワ川西岸の一部を占領した。これに対してドイツ軍側は5日以降に反撃を実施するが、投入されたのは武装親衛隊のカミンスキー旅団(反共ロシア人、ベラルーシ人の部隊)や懲罰部隊を元とする第36SS武装擲弾兵師団といった質の悪い部隊で、市民に対する虐殺・略奪が横行、ドイツ国防軍すら困惑する事態となった。

さらに1943年春には、1939年にソ連軍の捕虜となったポーランド軍人等2万人以上がソ連領内のスモレンスク近郊で虐殺されていた事実(いわゆる、カティンの森事件)が発覚。ポーランド亡命政府は赤十字を通じた真相究明を求めたが、ソ連は拒否。ポーランド亡命政府のソ連への不信感は頂点に達し、両者は断交した。

その後も数度の交渉が持たれたが、1944年春、ソ連によるポーランドの解放が現実的となると、ソ連はポーランド亡命政府に見切りを付け、将来ポーランドを支配する行政組織として、ポーランド東部のルブリンに傀儡《かいらい》政権(ポーランド国民解放委員会)を発足させた。ルブリン政権はソ連と同じく共産主義をイデオロギーとしており、これもまた、ポーランド亡命政府の受け入れるところではなかった。

ポーランド国内軍にとっても、ソ連軍の接近は重大な問題だった。

ポーランド亡命政府とソ連軍の協調が難しい以上、ポーランドの解放はソ連軍が主体となる。しかし、そうなれば戦後のポーランドにおける政治の主導権はソ連に握られてしまう。

国内軍としては規定の路線に従い、ソ連軍のポーランド侵入が開始された時点でドイツ軍の背後を襲い、ソ連軍と協同しつつポーランドの主要部を確保し、主導権を握ろうとするほか策はなかった。

また、ポーランド国内には、ドイツ軍の「バルバロッサ」作戦時に森林などに逃れた兵力を基幹とした赤軍パルチザンが多数潜伏していた。赤軍パルチザンはドイツ軍と敵対していたが、ポーランド亡命政府とソ連政府が断交すると、ポーランド国内軍とも敵対し、頻繁に武力衝突を起こした。赤軍パルチザンは地元のポーランド人の協力を得られなかったため、食料を求めてポーランドの村落を襲い、略奪を行った。必然的に国内軍もポーランド人を守るためにパルチザンと戦うことになった。一部の国内軍のレジスタンス部隊が現地のドイツ軍と交渉し、赤軍パルチザンと戦うための武器を手に入れることさえあった。

国内軍はドイツ軍占領下の隣国リトアニアの武装組織、リトアニア郷土防衛軍とも戦いを繰り広げた。リトアニアとポーランドは戦前からヴィリニュス地方の帰属について領土問題を抱えており、リトアニア郷土防衛軍は基本的にドイツへの隷属には抵抗したものの、こと領土問題に関してはドイツ側に与《くみ》し、ポーランド国内軍や赤軍パルチザンと幾度も戦闘を行っている。時には報復のため、お互いの市民が虐殺されることもあった。

ポーランドの南東部では、ヴォルィーニ地方やガリツィア地方の帰属を巡り、ポーランド国内軍とウクライナの民族主義者組織、ウクライナ蜂起軍との戦闘も行われた。ドイツ軍に支援されたウクライナ蜂起軍は、両地方でポーランド人の集落を襲い、民族浄化を推し進めた。国内軍もその報復としてウクライナの村々を襲い、ウクライナ人を虐殺した。前節で紹介したザモシチを巡る戦いでも、ドイツ軍の傭兵として同地の警備に投入されたウクライナ人たちと国内軍との間で交戦が生じている。ヴォルィーニ地方ではウクライナ人による虐殺でポーランド人5～6万人、ポーランド人による虐殺でウクライナ人2000～3000人が死亡したと言われている。

戦後、ポーランド領内のウクライナ人たちはポーランド共産主義政権による「ヴィスワ」作戦で強制移住を強いられ、ウクライナ蜂起軍も壊滅することになる。

「テンペスト」作戦

1943年末、国内軍は「テンペスト(嵐)」作戦と呼ばれる、ポーランド国内における蜂起の作戦を立案した。

「テンペスト」作戦には二つの目標があった。一つは、旧ポーランド領のドイツ軍に攻勢を掛けるソ連軍への戦術レベルでの支援。もう一つは、ソ連軍の到来前にポーランドの主要都市を国内軍が解放し、戦後のポーランドの政治的主導権を握ること。特に、ワルシャワ以東の諸都市を自分たちの手で解放し、ソ連が提唱し、米英連合国が同意してしまった「カーゾン線」を否定する。

後者については、ポーランド亡命政府は元より、国内軍でも実現可能かどうかの論争が続いていた。実際に国内軍が都市を先に占領しても、ソ連軍の圧倒的な軍事力がある限り、結局はポーランドの主権はソ連やその傀儡政権に奪われてしまうだろう。これについて国内軍は、自らが努力することで米英の支援を得るという曖昧《あいまい》な目算しか立てられなかった。しかし、赤軍パルチザンと戦っていた国内軍は、ここで何もしなければ、戦後に「ナチスの手先」というレッテルを貼られてしまうことになりかねない。

1944年1月、ソ連軍がポーランド南東のヴォルィーニ地方で旧ポーランド国境を越えた。前述の通り、この地方はポーランド人とウクライナ人との対立が激しく、ポーランド側の抵抗組織の形成が進んでいた。国内軍はこの地域の兵力として第27師団を創設。同師団には、ウクライナ人の迫害からの自衛を目的としてドイツ軍により編成された、ポーランド人の第107シューマ大隊(補助警察大隊)の人員も含まれていた。師団は最終的に6500人の兵力となった。

師団は「テンペスト」作戦に従い、1944年3月からソ連軍との共闘を開始、ソ連軍と対峙するドイツ軍の後方を襲った。当初、師団は不意を突かれたドイツ軍に優位を保ったが、ドイツ軍は態勢を立て直し、4月初めから反撃を開始、第27

師団を包囲した。最終的に師団は激戦の末に包囲網を突破して脱出、戦力の半数が様々な理由で失われ、残りはルブリン地区に撤退し、進撃してきていたソ連軍と合流した。だが、ソ連軍は同師団を包囲の上で人員を武装解除し、収容所に抑留した。

「テンペスト」作戦はワルシャワより東の諸地域……ヴィリニュスやルヴフ、ポリーシャでもソ連軍の進撃に合わせて実施され、国内軍はソ連軍と連携してドイツ軍を敗退させた。しかし、蜂起に参加した国内軍の人員の多くはその後にソ連軍に武装解除され、収容所に送られた。

国内軍の悲願であった「テンペスト」作戦は、その先行きに暗雲が立ち込めていた。

ワルシャワ蜂起

7月半ば、ソ連軍は大成功の結果となったベラルーシでの攻勢(「バグラチオン」作戦)の余勢を駆って旧ポーランド領に大々的に侵入した。ドイツ軍は「バグラチオン」作戦で甚大な損害を被っており、このままソ連軍の進撃が続けば、ほどなく首都ワルシャワは解放されることが予見された。

国内軍はソ連軍が到達する前にワルシャワを掌握するべく、7月31日、ワルシャワでの国内軍の蜂起を決定した。実際には、前々日の7月29日にドイツ軍によるソ連軍への組織的な反撃が開始され、ソ連軍はワルシャワの郊外で足踏みをすることになったが、国内軍は最前線のソ連軍の状況を正しく掴むことができなかった。ソ連側はラジオでワルシャワ市民に蜂起を呼び掛けてもいた。

8月1日、国内軍の約5万人がワルシャワ市街で一斉に蜂起。市街地の占拠を開始した。当時、ワルシャワはドイツにとって交通の要衝だったが、前線に兵力を取られ、雑多な部隊しか配置されていなかった。しかし、国内軍は依然として兵器不足で、重火器を持っていたドイツ軍に各所で苦戦を強いられた。それでも国内軍は数的優位を活かし、8月4日までにワルシャワ市街のヴィスワ川西岸区域の半分程度を解放するに至った。とはいえ、解放された地域はドイツ軍の防御線でいくつかのブロックに分断されており、各ブロックの間の相互支援は困難な状況だった。

反撃によってソ連軍の先鋒を撃破し、前線を安定させたドイツ軍は各所から増援を呼び寄せ、8月5日からワルシャワ市街の国内軍に対して攻撃を開始した。

増援の多くは、犯罪者たちを組織化した部隊やロシア人の義勇兵部隊等、質が悪く、パルチザン狩りに慣れた二線級部隊で、兵士たちはワルシャワの各地で国内軍や一般のワルシャワ市民に対して虐殺や略奪を繰り返した。しかし、この措置は逆に国内軍の士気を高め、抵抗の度合いを強くさせ、ドイツ側を困惑させた。

図らずも孤立無援となったワルシャワの国内軍に対し、イギリス軍と共に西部戦線で戦うポーランド軍、ソ連軍は航空部隊を利用しての物資投下で支援した。しかし、ドイツ空軍の妨害を受け、物資の多くがドイツ軍の支配領域へと落とされる結果となった。米英軍はすでにノルマンディーに上陸していたが、ワルシャワに地上部隊を送り込む術はなかった。ソ連軍も積極的にワルシャワを救おうとはしなかった。

ドイツ軍は市街地全域で包囲網を締め上げ、9月までに解放ブロックの規模を8月初めの半分以下にまで縮小させた。国内軍の戦意はいまだ旺盛《おうせい》だったが、戦いが長期化すればそれだけワルシャワ市民の犠牲も増えるというジレンマに陥っていた。ドイツ軍も早期にワルシャワを制圧して、次のソ連軍の攻勢に備える必要があった。

両者の思惑が一致した結果、10月2日、国内軍はドイツ軍に降伏。ドイツ軍はこれを受け入れる代わりに、ポーランド人捕虜たちをレジスタンスではなく、正規の軍人として武装解除することを約束した。この戦いで国内軍兵士1万5200人が死亡、1万5000人が捕虜となり、5000～6000人がワルシャワを脱出し、戦闘継続を目指した。ワルシャワはこの市街戦で完全に破壊され、翌1945年1月半ばのソ連軍の攻勢で解放された。一般市民の死亡者は15万から20万と言われており、70万人がワルシャワから追放された。

ワルシャワ蜂起の後も、ラドムやウッチなどで「テンペスト」作戦に基づいて蜂起が実施された。いずれもソ連軍にとって効果的な支援となったが、国内軍による都市の確保、政治的な主導権の獲得はならなかった。クラクフでも蜂起が計画されたが、ドイツ軍が事前に若者たちを検挙したため、未遂に終わった。

〝呪われた兵士たち〟

「テンペスト」作戦は国内軍にとって最大の作戦となった。国内軍は各所で蜂起を成功させ、ドイツ軍の後退を早めたが、ソ連軍の「解放」と武装解除により、それ以上の成果は得られなかった。軍事的には成功したが、政治的には失敗したというのがこの作戦の評価になるだろう。

旧ポーランド領は1944年末までにその全土がほぼ解放され、ソ連軍の支配下となった。これに伴い、「テンペスト」作戦も終結し、国内軍は1945年1月に解散が命じられた。しかし、国内軍の多くは対ドイツ、そして対ソ連の抗争の継続を望み、都市や森林、山岳地帯に身を隠して活動を続けた。彼らは〝呪われた兵士〟と呼ばれた。

国内軍の人的損失は10万人、ソ連軍によって投獄された人数は５万人と言われている。

ソ連と新たなポーランドの共産政権は国内軍を不穏分子と定め、掃討を実施した。国内軍は各所で抵抗したが、１９５０年代末までには大半の国内軍兵士が殺されるか捕縛された。最後の国内軍兵士が殺害されたのは１９６３年と言われている。

戦時中はロンドンにいたポーランド亡命政府も、１９４５年７月に正統なポーランド政府としての立場を失い、ポーランド人たちはポーランド大使館を明け渡さなければならなかった。彼らの多くはアメリカ等に移住した。

ワルシャワ蜂起に際してバリケードを築き、ステンガン（短機関銃）やMG08/15機関銃で武装するポーランド国内軍の兵士たち（の女体化）。国内軍は1944年8月～9月の間、ワルシャワ市街地を占拠したものの、連合軍の支援は届かず、ソ連軍によるワルシャワ解放も行われることはなかった。ドイツ軍は戦車や重火器、火炎放射器を投入して反撃、国内軍に消耗を強いた。国内軍は10月2日に降伏、ワルシャワ蜂起は63日間で幕を閉じた。

ポーランド亡命政府は政権の正統性を示す象徴として、ポーランド第二共和国憲法の正文やポーランド国旗正旗を保持していたが、1989年に共産政権が崩壊、第三共和国の成立に伴ってこれらを継承した。同時にポーランド亡命政府の名誉も回復されることとなった。

国内軍についても同様に、その功績が表立って称えられるようになった。例えば2011年以降、ポーランドでは3月1日が「〝呪われた兵士たち〟を記憶に留める国家記念日」となり、各種の追悼行事が行われている。

1989年のいわゆる東欧革命によりポーランドの民主化が達成されて以降、ポーランド国内軍および亡命政府の再評価・名誉回復がなされるようになった。2011年から現在に至るまで、国内軍のうち戦闘を継続した“呪われた兵士たち”を顕彰する記念日が設けられている。イラストは蜂起当時の装備に身を包み、ポーランド国旗を携えて、現代のワルシャワ市街にてパレードを行う少女。

ベラルーシ・パルチザン❶

"200万の命の上に"

第二次大戦のベラルーシ

1941年6月、ドイツ軍の「バルバロッサ」作戦により、ソ連の一部であり、その最西端に位置する人口約650万人の国家、ベラルーシは戦場となり、開戦から2カ月ほどで全土がドイツの占領下となった。ベラルーシに展開していたソ連軍の大半は粉砕され、ドイツ軍の捕虜になるか、ベラルーシの森林地帯に逃げ込んだ。

1941年8月、ドイツはベラルーシと東部ポーランド、バルト三国を合わせた領域を「国家弁務官統治区域オストラント」と名付け、オストラント国家弁務官ヒンリヒ・ローゼの統治下とした。ベラルーシはベラルーシ総督府となり、元ブランデンブルク党大管区指導者のヴィルヘルム・クーベが国家行政委員として、ベラルーシ人の親独有識者たちとともに統治に臨んだ。

第二次大戦前夜のベラルーシ

1919年1月、ベラルーシには白ロシア・ソヴィエト社会主義共和国が成立した。1921年に締結された、ポーランド・ソヴィエト戦争の講和条約(リガ平和条約)により、ベラルーシの西半分はポーランド領となり、図中の東半分がベラルーシ領となった。その後、1922年にソヴィエト連邦が成立、ベラルーシはウクライナとともにソ連構成国となった。

一方でユダヤ人や共産主義者の殲滅のため、多数の特別行動部隊(アインザッツグルッペン)も侵入、ベラルーシ全土で無秩序な大量殺戮が開始された。ソ連は戦時捕虜の人道的扱いを求めるジュネーブ条約を批准しておらず、また、ナチス・ドイツ中枢はヨーロッパ・ロシアのソ連市民(当然、ベラルーシ市民の全てがそこに含まれる)を絶滅させてドイツの経済植民地とすることを目指していたため、ナチスと親衛隊と国防軍の協同による(程度の差はあれど)殺戮が行われることになった。

ベラルーシ人の多くがドイツ人に強い反感を抱くことは必至だった。しかも、ドイツ軍がモスクワ攻略のための前線への兵力移動を急いだため、森林地帯に残っていたソ連軍残余の掃討はおざなりになり、彼らが森林の中で生き残る結果となった。

ベラルーシ・パルチザンの勃興

ベラルーシの森林に逃れたのはソ連軍残余だけではなかった。特別行動部隊の標的となった共産党の活動家やコムソモール(共産党の青年組織)のリーダー、反ソ連運動の取り締まりを命じられていたＮＫＶＤ(内務人民委員部)指揮下の「駆逐大隊」と呼ばれる部隊、ユダヤ人、そして侵略者であるドイツに立ち向かうことを誓った一般市民たちである。

この結果、ドイツ占領下ベラルーシにおけるパルチザン運動は早期に開始された。最初のパルチザン部隊は、ドイツがソ連に侵攻した直後の6月23日にベラルーシ南西部の都市ザビンカ付近で編成され、続いて6月26日にはベラルーシ南部のピンスク周辺でＮＫＶＤ将校のヴァシリー・コルジがパルチザン部隊を組織した。コルジは28日、ピンスク〜ロギシン間の路上でドイツ軍の隊列を標的に待ち伏せ攻撃を成功させた。この攻撃は独ソ戦最初のパルチザンの戦果と言われている。

１９４１年7月3日、ソ連の指導者で共産党書記長のヨシフ・スターリンは、ラジオ演説でソ連市民にパルチザンへの参加を要請し、29日には正式にパルチザン闘争の開始が命じられた。

ソ連のパルチザンの基本単位は「支隊」で、規模としては１００〜数百人、いくつかの中隊で編成されていた。武器のほとんどは独ソ戦の初期にソ連軍が遺棄したものか、あるいは自家製だった。

ドイツ軍が前線に戦力を集中したこともあり、１９４１年末までにベラルーシではパルチザンのグループが急速に増大。その数は２００個とも４００個とも言われている(人数については諸説あり、ある説では合計約７０００人)。パルチザ

オストラント国家弁務官区の白ロシア国家行政委員を務めたヴィルヘルム・クーベ親衛隊中将

ンたちの士気は高かったものの、食料、兵器ともに不足しており、また、いくつものパルチザングループが統制の取れないまま割拠していた。最大の問題は無線機の欠如で、これによりソ連軍、パルチザンはともに連携ができなかった。

　パルチザングループがこうした状況でも存続しえたのは、他でもない地元住民の支援によった。ドイツの残虐極まりない統治に怒りを抱いたベラルーシの民衆は、ドイツ軍の徴集から免れた農村の食料をパルチザンに分け与え、武器弾薬の探索に協力した。もちろんそれは、ドイツ軍に事が露見すれば、個人やその家族、果ては村や町ごとが殺戮の対象になるというリスクと表裏一体だった。

　一方のドイツ軍もソ連領内でのパルチザン部隊の発生を予期していなかったわけでなく、その抑えのために早期から親衛隊の実戦部隊である第1SS歩兵旅団(機械化)や第2SS歩兵旅団(機械化)、SS騎兵旅団、警察連隊「中央(ミッテ)」をはじめとする多数の警察部隊などを投入、治安維持に努めた。

　もっとも、その実相は森林に逃れたユダヤ人やソ連軍の残余など、丸腰の人々を追い詰めて殺すという虐殺そのもので、冬までに死亡した民間人とパルチザンは数万人を数え、生み出されたばかりのパルチザン・グループも次々に粉砕されていったと思われる。

　1941年7月16日、ヒトラーはパルチザンの活動に対し、「結構なことだ。抵抗するものは何であれ絶滅する機会を与えてくれたのだから」と述べ、7月末にはドイツ国防軍総司令官ヴァルター・フォン・ブラウヒッチュも「東部占領地域を確保する上で占領軍が取るべき唯一かつ必要不可欠な方法は、範囲が広大であることを考えれば、全レジスタンスを法的に処罰するのみならず、住民に抵抗する気力を失わせるような恐怖を広めることだ」と命令書の中で述べている。

　必然的にドイツ国防軍もこの残虐行為と無縁とはならなかった。9月24日から26日にかけて、国防軍と親衛隊の治安維持部隊の将校たちがドイツ軍占領下のモギレフに集結、「モギレフ会議」と呼ばれる対パルチザン戦についての意見交流会が開かれた。この会議では占領地でドイツ軍の安全を確保するには抵抗を完全に根絶するしかないという結論が出され、パルチザンやその協力者の殺戮の必要性が主張された。以後、第221保安師団、第286保安師団、第454保安師団など多数の国防軍の保安師団や歩兵師団などがパルチザン戦に本格加入していき、大量殺戮に手を染めていった。

　1941年冬、ドイツ軍のモスクワ攻略が失敗し、ソ連軍の冬季反攻が開始されたが、ベラルーシは森林地帯を除いた全土がいまだドイツ軍の支配下にあり、パルチザンたちは孤立した状況の中、希望の見えない戦いを続けなければならなかった。

「ヴィテブスク門」の形成

ベラルーシ・パルチザンにとってのターニングポイントは1942年2月に訪れた。

前年末に開始されたソ連軍の冬季反攻は、初動の混乱から立ち直ったドイツ軍の反撃により甚大な被害を出しながらもスターリンの強硬な命令により継続され、その一部を担ったソ連軍の第4突撃軍の先鋒はベラルーシ北東の都市ヴィテブスク近郊にまで迫ったが、戦力の損耗とドイツ軍の反撃により、ヴィテブスク北東のロシア領ウスヴャートイ～ベラルーシ領スラージ間で停止した。スラージ周辺は独ソ戦でソ連軍が最初に奪還したベラルーシ領だった。

偶然にもこの領域はドイツ北方軍集団と中央軍集団の境界線にあり、また、森林と沼地が地表の大半を占め、まともな道路もない、戦争にははなはだ向かない地域だった。このため、ドイツ軍はソ連軍の攻勢終結後、ウスヴャートイとスラージに各1個の歩兵師団を駐留させ、その間隙となる約40㎞の回廊には兵力を配置しなかった。ソ連軍の反攻により戦力を消耗したドイツ軍は、この回廊にあまり注意を払わなかったのだ。

わずか40㎞、しかしドイツ軍が存在しない回廊。ソ連軍、そしてベラルーシのパルチザンにとって、偶然にも生じたこの回廊は天からの慈雨に等しかった。ドイツ軍がいない森林地帯ということは、そこから物資や人員をベラルーシの森林に流し込み、パルチザンの活動を活発化させることができる。パルチザンたちは瞬く間に回廊内の村落を「解放」し、回廊を確保した。回廊は「ヴィテブスク門」、あるいは「スラージ門」と呼ばれた。

ソ連軍と現地のパルチザンの協同により門の戦力は瞬く間に強化された。安全が確保された回廊を通じ、ソ連軍の支配領域からベラルーシには大量の武器や弾薬、印刷機や無線機などの機材、そしてパルチザンの組織化と拡大のために必要なありとあらゆる人材が送り込まれた。その人数は3000人以上と言われている。また、いずれ門が封鎖されるのに備え、森林内に滑走路を設置すべく多数の土木機械と航空機が運び込まれた。

一方、ヴィテブスク門からソ連支配領域へは、森林内で生き残っていたソ連軍将兵約2万から2万5000人、20万人以上の難民、1600トンの穀物、1万トンのジャガイモや野菜、2500頭の馬などが移動した。

血みどろの戦いの始まり

ヴィテクスク門を利用したソ連軍とパルチザンの必死の努

「バルバロッサ」作戦後、ベラルーシはドイツ軍占領下となったが、1942年冬季のソ連軍の反攻により一部ベラルーシ領が解放され、「ヴィテブスク門」と呼ばれる回廊が形成されるに至った。ドイツ軍の過酷な占領統治に反抗するパルチザンは、武器などの供給を受け、抵抗運動を激化させていった。イラストは、ドイツ軍に燃やされた村落を背景に立ち上がるベラルーシ・パルチザン。

力が続いていた1942年夏、ドイツ軍はソ連軍に対する反攻を開始した。前線では「ブラウ（青）」作戦と呼ばれるコーカサスへの攻勢が始まり、そしてベラルーシでは、パルチザンに対する掃討作戦が本格化したのである。

オストラント及び北ロシア親衛隊及び警察高級指導者フリードリヒ・イェッケルンSS大将は、ロシア占領地の治安維持のためにSS戦闘団「イェッケルン」を編成、パルチザンやその協力者への攻勢を強めた。彼の指揮した虐殺のやり方は「イェッケルン方式」と呼ばれ、その方法は、駆り集めたパルチザンたちの衣服や金品を剥ぎ取り、裸にした後に穴の前に立たせて後ろから銃殺、死体は穴に落ち、その後に埋める という〝効率的〟な方法だった。

1942年8月22日から9月21日にかけて、イェッケルンは「マラリア熱」作戦を発動、約6500人の兵力でベラルーシの各地でパルチザン拠点の殲滅を図った。この作戦により、389人のパルチザン、1274人の「犯罪容疑者」が死亡し、8350人が処刑され、1217人が国外追放された。「マラリア熱」作戦の後もドイツ軍の攻勢は続き、9月末にはヴィテブスク門のパルチザン支配領域も粉砕され、主要な村落のほとんどが焼却された。

ドイツ軍はその後も執拗《しつよう》にヴィテブスク周辺の掃討作戦を行った。9月、ボロツク〜ヴィテブスク周辺で作戦を行った第201保安師団は、同月中に864人の「戦闘中のパルチザン」を殺害、処刑のために234人を野戦警察に引き渡した。押収された武器はたった99挺の小火器だけだった。

残虐な掃討作戦は必然的にパルチザンと地元住民のさらなる激しい抵抗を呼んだ。実際に掃討に関わる者たちもこれを予期しており、第221保安師団の司令官ヨハン・プフルグバイルは「民間人を虐待すれば、翌日にはパルチザンとなり銃を持って目の前に現れるかも知れないということを、全兵士に理解させておく必要がある」と指示しながら、同じ月に師団に対し、「部隊が戦う目的は、敵を退却させることではなく、絶滅させることにある」と述べている。

ドイツ軍が自縄自縛に陥っていく中、1942年を通してパルチザンの数は急増し、11月までに4万5000人以上となった。ソ連はパルチザン戦総指揮のためにパルチザン運動中央本部を設立、ベラルーシ国内にもパルチザン司令部を創設し、連絡を取り合いながらパルチザン戦を行うようになった。パルチザン部隊はヴィテブスク門から流れ込んだ人材・機材を用いて組織化され、打たれ強い旅団編成を取るようになっていた。

1942年冬から1943年春にかけて、ドイツ軍のスターリングラードでの敗北の報が広まると、さらにパルチザンの数は増加した。パルチザンもドイツ軍に慈悲はかけず、残虐な方法での報復が横行し、それがさらに両者の報復合戦を助長した。

勢いづくパルチザンは1943年9月、ミンスクで国家行政委員ヴィルヘルム・クーベの爆殺に成功した。実行したのはエレナ・マザリクという女性で、彼女はクーベの屋敷のメイドとして雇われていた。マザリクはパルチザンから渡された爆弾をクーベの寝室のベッドに仕掛け、時限起爆装置でクーベが就寝した後に爆発させた。マザリクは爆弾を仕掛けた後にパルチザンの協力でソ連支配領域に脱出し、ソ連邦英雄の称号を得た。

クーベの暗殺は、ソ連のパルチザン史に残る大手柄だった。しかし、後の目からすると、果たしてこれが最適解だったかは疑問を挟む余地がある。なぜならば、クーベの後を継いだ男は、パルチザン戦のエキスパートとしてベラルーシにさらなる惨劇をもたらすことになったからである。

エレナ・マザリク（当時22歳）は掃除担当のメイドとして、姉妹とともにヴィルヘルム・クーベの住まう屋敷に出仕していた。1943年9月22日未明、マザリクはクーベのベッドのマットレスに爆弾を仕掛け、クーベを爆殺。大戦を生き延びたマザリクは戦後、ソ連邦英雄の称号を受け、1996年4月まで存命だった。

ベラルーシ・パルチザン❷

"200万の命の上に"

「鉄道戦争」ベラルーシ・パルチザンの攻勢

クーベの暗殺と前後して、ベラルーシのパルチザンは組織的かつ大規模な攻勢も発起した。

前節に記した通り、1942年の夏以降、ベラルーシのパルチザンは組織上、大幅に強化され、各部隊がソ連軍の指揮下で動くようになった。言うまでもなくこれは、ヴィテブスク門の形成によってドイツ軍占領下のベラルーシに送り込まれた人員や機材の恩恵によるものだった。以降、ベラルーシのパルチザンは、ソ連軍にとって「第四の軍隊」として、ソ連軍と連携して作戦を行うことになる。

1943年1月の時点で、ベラルーシのパルチザンは合計5万6000人で、このうち1万1000人がベラルーシ西部、残りがベラルーシ東部で活動しており、西部の人員は東部よりも人口1万人当たり3・5人少なかった。この明確な差異には諸説あり、もっとも有力なのは、ソ連側がポーランド亡命政府からの要請により、あえてこの地域でパルチザン戦力の増強を控え、ポーランドのレジスタンス組織(国内軍)の拡大を図った(要するに、ポーランド国内軍に西部ベラルーシでの作戦を肩代わりさせ、ソ連側の損害を回避した)というものだ。しかし、1943年4月になると、ソ連と亡命ポーランド政権の関係が悪化し、事実上の対立状態となったため、ソ連軍は東部ベラルーシのパルチザンに西部への移動を命じ、12月までにその数を3倍の3万6000人にまで増強した。国内軍はソ連、そしてベラルーシ・パルチザンの敵となり、以降、西部ベラルーシでは、ドイツ軍を主力とする枢軸軍と三つ巴《どもえ》の戦いが繰り広げられることになる。

パルチザンというと、クーベの例に見られるような要人の暗殺やドイツ軍への襲撃が主戦術と考えられがちだが、戦争中全般を通してベラルーシ・パルチザンの主な攻撃目標は、鉄道や道路橋などのインフラ設備だった。特に鉄道路線とそれを利用する列車は最も重要な目標になった。東部戦線のドイツ軍の補給は鉄道によって支えられているといっても過言ではなく、その破壊はドイツ軍の補給の悪化、つまりは前線での劣勢に直結するものだった。

1942年夏以降、パルチザンの鉄道路線への攻撃は本格化していったが、秋と冬には天候の問題で鎮静化した。なお、この鉄道路線をパルチザンの主攻撃目標とする方針は、内戦期から一貫してインフラ破壊の専門家として活動していたイリヤ・スタリノフ大佐の指導の下で決定された。スタリノフは大戦を通じて多数の特殊部隊要員を育て上げ、戦後、「スペツナズの祖父」と称される人物である。

１９４３年夏、ドイツ軍はクルスク突出部での攻勢を開始した。一方、ソ連軍は事前にこれを察知。ドイツ軍の攻勢を待ち受け、これを迎撃、粉砕した後に攻勢に移るという戦略を立案していた。クルスク突出部での戦いは熾烈《しれつ》を極めたものの、ソ連軍は計画通りドイツ軍の攻勢を防ぎきり、８月以降、ベラルーシやウクライナの正面で攻勢を開始した。

この攻勢に乗じて、８月３日、東部戦線の約10万人のパルチザンが「鉄道戦争」作戦と呼ばれる鉄道破壊作戦を開始、ソ連軍の攻勢の対処で手一杯となっていたドイツ軍の背後を襲った。この作戦により、最初の夜に４万２０００本のレールが破壊された。作戦は９月15日まで継続され、占領地にあった21万５０００本のレールが破壊され、ベラルーシにおいて８３６両の列車と３両の装甲列車を脱線させた。パルチザンはドイツ軍の修復が間に合わないよう次々に場所を変えて路線を破壊したため、攻撃目標とされた路線の多くが麻痺《まひ》状態に陥った。これらの攻撃で、東部戦線のドイツ軍の鉄道輸送量の４割が減少したと言われている。

９月25日、東部戦線のパルチザンは第二段作戦として「コンサート」作戦を開始、フィンランドのカレリアとクリミアを除くすべての戦域の後方で鉄道破壊作戦を実施、さらに15万本のレールを破壊し、ベラルーシで１０００両以上の列車を脱線させた。この攻撃もドイツ軍にさらなる負荷を強いたが、爆薬の枯渇により、秋までに作戦は停止していった。なお、「コンサート」作戦では、ソ連軍の攻撃目標であったスモレンスク～ブリャンスクを結ぶ線路と、ドイツ本国とオリョール近辺のドイツ軍を結ぶネヴェリ～ヴォルシャ～モギリョフを結ぶ線路が徹底的に狙われた。

その後の攻勢でソ連軍はスモレンスクを占領、ベラルーシ国境にまで迫ったものの、ベラルーシ本土の多くを解放することは叶わなかった。しかし、前線がベラルーシに近づいたという事実は、戦争の潮目が完全に変わったことを内外に知らしめ、それがさらに多数のベラルーシ人をパルチザンに誘う結果となった。

１９４３年冬、ベラルーシのパルチザンは約12万の勢力に成長していた。パルチザンの作戦は、ソ連軍が各部隊に配布した無線機による交信が基礎となっており、これがパルチザンにとってある種のアキレス腱《けん》となっていたが、ドイツ軍は無線交信を重要視せず、もっぱらパルチザンの補給の遮断、つまりは農村部からの食料調達を阻止することを重視していた。

残虐無残のベラルーシ 枢軸軍の治安維持戦

1942年の段階で、ドイツ軍はベラルーシにおける大規模なパルチザン掃討作戦を連続的に実施していた。

主な標的となったのは、ミンスク、ヴィルシャ、モギリョフなどを繋ぐ鉄道路線近辺の森林に潜むパルチザンである。パルチザンが鉄道路線を標的にしたのに対し、ドイツ軍も鉄道路線の保護を目的にパルチザン掃討作戦を実施していた。

パルチザン掃討作戦の結果は往々にして残虐な結果に終わった。ドイツ軍は前述のようにパルチザンの活動の根拠を村落からの食料供給と定めており、パルチザンの殲滅には村落の支配、あるいは消滅が必要だと判断していたからだ。ドイツ軍は森林でパルチザンと戦うかたわらで、パルチザンに支配されている村落の殲滅も行った。1942年12月、ドイツ軍最高司令部は「東方であれバルカン諸国であれ、無法者に対しては最も残酷な方法で報いるよう」命じ、任務に関わるものには「成功に繋がるのであれば、女子供への対処を含め、この闘いでいかなる手段を採っても構わないし、そうすることが求められる」と命じている。この結果、東部戦線での対パルチザン戦で、ドイツ将兵がドイツ軍自身に裁かれる可能性はなくなり、残虐行為がエスカレートする原因となった。

こうして無法地帯と化したベラルーシでは多数の殺戮者とその部下たちが「活躍」するようになった。その代表格がオスカー・パウル・ディルレヴァンガー率いるSS特別コマンド「ディルレヴァンガー」で、この部隊は指揮官のディルレヴァンガーが多数の犯罪(13歳のドイツ人少女への淫行含む)を犯した逮捕経験者、部隊の人員は密猟犯罪者という極め付きの「ならずもの」集団であり、パルチザン掃討作戦において彼らは期待通りの「活躍」を見せた。例えば1942年10月～11月の作戦では、ディルレヴァンガーたちはパルチザンが占領する村から疎開した女子供を狩り集め、そうした人々をパルチザンの敷設した地雷原の中に突っ込ませ、それを盾にして攻

政治学博士でもあった親衛隊中尉、オスカー・ディルレヴァンガー。既決囚の密猟者を集めた中隊規模のSS特別コマンド「ディルレヴァンガー」を率い、ベラルーシにおいてパルチザン戦に従事した。粗暴な言動の目立つ、異常性癖の持ち主であり、麾下部隊も目に余る残虐行為を重ね、度々軍紀違反を犯している

ベラルーシは独ソ戦の主戦場となったロシア西部およびウクライナとドイツ本土との間にあった。ドイツ軍への補給はベラルーシを走る線路を使用した鉄道輸送に支えられており、その鉄路を破壊することはすなわち、ドイツ軍の前線兵力を削ぐことに直結した。イラストは線路の破壊工作を実施するベラルーシ・パルチザン。ドイツの軍用蒸気機関車BR52が被害を被っている。

撃を行うなどの残虐な措置を行ったとされる。
ドイツ軍全般においても、村落の掃討では住民を皆殺しにするのは日常茶飯事で、この結果、何百というベラルーシの村落が名前だけの存在になった。ドイツ軍は銃弾を無駄遣いしないため、村落の住民を大きな建物の中に集め、そこに火を付けて生きたまま焼き殺す、逃げ出した村人は機関銃で殺害するという処置も実行した。こうした攻撃の標的となった村としては、1943年3月22日にドイツ軍の第118補助警察大隊に殲滅されたミンスク北方のハティニ村が代表格として知られており、同地には虐殺を記録する記念碑が立てられているほか、こうしたドイツ軍の無慈悲なパルチザン掃討作戦の実相を描いた映画「炎628」のモデルにもなった。

1943年10月にパルチザンが実行したベラルーシ国家行政委員長ヴィルヘルム・クーベの暗殺は、こうしたドイツ軍の蛮行に対するカウンターになるはずだった。だが、クーベの後を継いだクルト・フォン・ゴットベルク親衛隊中将は1942年1月以降、一貫して東部戦線でのパルチザン戦を戦ってきたその道のエキスパートであり、この時点では親衛隊および警察司令部「ベラルーシ」指揮官として、自身の名を冠した対パルチザン掃討部隊、戦闘団「フォン・ゴットベルク」を率いてベラルーシでのパルチザン戦を直接指揮している人物だった。ゴットベルクがベラルーシの行政のトップについたということは、ゴットベルクがさらなる権限を得たのとイコールとなり、結果、ゴットベルクはベラルーシの親独有識者たちに将来の独立を約束し、代わりに2万人以上のベラルーシ人を動員して治安維持戦力とした。これらの部隊の大部分はパルチザン戦に投入され、ベラルーシでの戦いがベラルーシ人同士の殺し合いとなる原因となった。

また、1943年以降、ドイツ軍は労働者不足に悩むドイツ経済界の意向を受け、パルチザン掃討作戦に労働者確保の性質を付け加えた。すなわち、パルチザンや村落を殲滅する際、ただ単にベラルーシ人を殺害するのではなく、健康で動けるものは捕虜として捕縛し、後方に輸送して労働を強制するというやり方である。もちろん、労働に適さない人々はこれまで通り虐殺された。ドイツ軍の攻勢に対し、パルチザンは果敢に応戦し、時には戦術的な勝利を飾ることもあったが、大部分は包囲の末に殲滅されていった。また、前述の通り、ベラルーシにはソ連軍と繋がっているパルチザンのほかに、ポーランドの国内軍やウクライナの独立派組織、ユダヤ系パルチザンが存在し、食料や武器を巡って、ドイツ軍と敵対する組織同士が戦闘に陥る場合もあった。

1944年に入ってもドイツ軍はパルチザン掃討作戦を連発し、鉄道路線の安定に努めたが、それでも10万人以上のパルチザンを殲滅するにはとうてい足らず、ドイツ側が大局的には無意味な殺戮を繰り返しているという状況に変化はなかった。1943年末の段階で、パルチザンはベラルーシの

ヴィルヘルム・クーベの後を継いで白ロシア国家行政委員に就任したクルト・フォン・ゴットベルク親衛隊中将。1942年7月から「白ロシア」親衛隊及び警察指導者として東部戦線のパルチザン戦に従事していた

1944年6月22日、ソ連軍は「バグラチオン」作戦を開始し、ベラルーシ方面のドイツ中央軍集団を攻撃した。ドイツ軍はこの攻撃により総崩れとなり、ミンスクは7月16日に解放されている。イラストはミンスク解放に際し、同市の競馬場で実施されたパレードの様子。30個以上のパルチザン旅団（約3万人）が参加し、その勝利を祝った。

領土の60％に及ぶ10万平方キロメートルを確保し、20以上の都市と数千の村を支配していた。

ベラルーシ・パルチザンたちの終戦

1944年6月22日、ソ連軍はベラルーシ正面への大攻勢、「バグラチオン」作戦を開始した。

この大攻勢においても、ベラルーシ・パルチザンはソ連軍からの指示を受け、その直前の19日から20日にかけて鉄道網やその他のインフラへの大規模な攻撃を行った。この攻撃により1000カ所以上の交通上の要衝が機能しなくなり、ドイツ軍の戦力移動が著しく困難になった。また、パルチザンはドイツ軍部隊の所在地をソ連軍に報告、ソ連軍の攻撃は精確さを増した。

圧倒的な物量差、そしてパルチザンが仕掛けた交通の麻痺により、ソ連軍と対峙していたドイツ中央軍集団は瞬く間に崩壊。ソ連軍は猛烈な勢いで西進し、7月末までにベラルーシ全土を解放した。パルチザンたちはソ連軍の到達後、順次森林から出て、戦友たちとの合流と勝利を喜び合った。ベラルーシの首都ミンスクは7月16日に解放され、その後、30個以上のパルチザン旅団が参加する解放記念パレードが行われた。ベラルーシの全土が解放された後、パルチザンの多くは銃を置いたが、約1万8000人がソ連軍に加わり、対独戦を継続している。

1941年から1944年にかけて、ベラルーシでは約40万人のパルチザンが戦争に参加したと言われている。また、ある資料では、東部戦線のウクライナを除いた地域で約20万人が公式にパルチザンに参加したとされ、このうち3万人が命を落としたとされる。一部の研究者は、この数字から、東部戦線におけるパルチザン戦を費用対効果の良好な戦いだったと考えている。

もちろん、この数字からはベラルーシ全体の被害はうかがい知れない。第二次大戦で、ベラルーシは全人口の3分の1に当たる226万の人口を失い、何百という都市、何千という村を壊滅させられた。第二次大戦でこれほどの被害を被った地域は他に存在しない。

パルチザンの存在が、ドイツ側の過度な報復を招いた側面があることは否定しがたい。しかし、ドイツがソ連に仕掛けた戦いが民族そのものの根絶を目指す「絶滅戦争」であった以上、抵抗しようとしまいとベラルーシでは大きな犠牲が生じたことだろう。その意味で、多くの一般市民が参加したベラルーシ・パルチザンの戦いは、一つの崇高な「聖戦」だったと言える。

ウクライナのパルチザンと民族主義者たち❶

“死と破壊の黒い大地”

戦前のウクライナ

２０２５年現在のウクライナは国土の一部をロシアに侵略されているものの、本来は東欧で最大の領土を持つ国である。東にロシア、西にハンガリーやポーランド、ルーマニアなど、北にベラルーシ、南に黒海を挟んでトルコと接している。国土のほとんどが肥沃な黒土(チェルノーゼムと呼ばれる)で覆われており、「欧州の穀倉地帯」と呼ばれるほど農業が盛んである。天然資源にも恵まれており、中世まではいくつもの国家の発祥の地となった。

18世紀、ウクライナはポーランドの支配下の西部、ロシア帝国支配下の中部・東部に分割されていた。19世紀以降になると、ロシア・ポーランド両国による抑圧政策と欧州で流行した民族主義の高まりによって、知識人の間でウクライナ人の独立が叫ばれるようになった。

第二次大戦前夜の欧州方面とウクライナ

1918年1月22日に独立したウクライナ人民共和国の領土のうち、東ウクライナは「ウクライナ・ソヴィエト社会主義共和国」としてソ連に組み込まれ、ソ連政府によるロシア化政策が取られていた。西ウクライナはポーランド、ルーマニア、チェコスロヴァニアに分割統治され、リヴィウなどガリツィア地方はポーランドの支配下となっていた。

第一次大戦中の１９１７年、ロシア帝国の首都ペトログラード(現サンクトペテルブルク)で二月革命が起こった。これに乗じてウクライナの知識人たちは「ウクライナ中央ラーダ(会議)」を結成し、ロシアからの分離独立を図った。十月革命でロシアの政権を奪ったレーニン率いるボリシェヴィキは、ウクライナの自治を奪うべくウクライナとの戦いを開始したが、ウクライナ中央ラーダはドイツ軍の支援を受けてこれを撃退。その後、ウクライナ中央ラーダは解散を強いられるが、ウクライナはドイツの事実上の傀儡《かいらい》という立場で独立を保持した。

　ウクライナからは西部戦線で苦戦するドイツに向けて大量の穀物が輸出された。この時期の「ウクライナからドイツに潤沢な食料が供給された」という事実とイメージが、第二次大戦における第三帝国総統アドルフ・ヒトラーのウクライナ占領への動機になったという説もある。

　第一次大戦はドイツの敗北と崩壊で終わり、ドイツ軍はウクライナから撤退した。ウクライナでは中央ラーダが権力を再確立し、独立の維持を目指した。しかし、ロシアではボリシェヴィキ政権の赤軍と諸外国の支援を受けた白軍によるロシア内戦が開始され、ウクライナは両者の争奪戦の舞台になった。ウクライナ政府は崩壊し、最終的にウクライナは赤軍の支配下となり、戦後はソ連の一部とされた。

　ソ連のウクライナ支配の形態は時期によって変化するものの、ウクライナ人の独立心を奪うという点では一貫していた。ソ連はウクライナ人への懐柔策として、ウクライナ語の使用や教育、ウクライナ文化などの研究を奨励したものの、農業・工業の集団化を推し進め、個人の富を許さず、政治的自由もほとんど与えなかった。また、1920年代から30年代には、ソ連が外貨獲得の手段としてウクライナの穀物を過剰に輸出したため、その反動として大規模な飢餓が発生した（ホロドモール）。ホロドモールの犠牲者数については現在でも諸説あるものの、最近の研究では300万〜400万人前後という数が挙げられている。

ウクライナ民族主義者たちとドイツ第三帝国の結託

　こうしたソ連の圧政に、多くのウクライナ人が反感を抱いた。この圧政を脱し、ウクライナの独立を目指す民族主義者たちは秘密裡に交流を持ち、1929年にウクライナ民族主義者組織（OUN）(※)を立ち上げ、密かに反ソ・反ポーランド運動を開始した。

　OUNは現在の西ウクライナ、当時のポーランド領内のガリツィアを拠点に活動した。これはガリツィアがロシア帝国時代からウクライナ民族主義運動の中心であり、また、領土がポーランドに属していたため、ソ連領内より政治活動が行いやすかったこともある。加えて、ガリツィアのウクライナ人たちは同地の支配民族であるポーランド人に隷属する立場であり、長年ポーランドからの独立を望んでいた。1918

(※) Orhanizatsiya Ukrayins'kykh Natsionalistiv（Organization of Ukrainian Nationalists）のイニシャル。

年にはウクライナ中央ラーダと並列してガリツィアのウクライナ人による西ウクライナ人民共和国が成立したが(1919年にウクライナ人民共和国と統一)、ポーランド共和国の攻撃で瓦解し、ウクライナ本土のウクライナ民族主義者たちと同じように、かつて叶い、潰えた夢を望み続けることになった。

第二次大戦前夜、OUNは穏健派のアンドリーイ・メーリヌィク率いるメーリヌィク派(OUN-M)と、過激派のステパン・バンデラ率いるバンデラ派(OUN-B)に分かれていた。両派はソ連とポーランドに対抗する手段として、ソ連・ポーランドと敵対するドイツと接触し、様々な支援を受けていた。

第二次大戦の勃発後、ポーランドはドイツとソ連によって分割され、OUNの拠点であるガリツィアはソ連の占領下となった。ソ連はガリツィアをウクライナに編入する一方、ウクライナ独立を目指すOUNを危険分子として弾圧した。ドイツ軍はOUN-Bと結託、OUN-Bはドイツにおいて将来のソ連侵攻に備えてウクライナ人による義勇部隊の創設に着手した。ウクライナ独立のためには手段を選ぶべきではないと考える彼らにとって、ソ連を打倒し、ウクライナ独立のきっかけを与えてくれそうな勢力は、ドイツ以外に存在しなかった。

ただし、大多数のウクライナ人にとって、ウクライナ民族主義者たちの運動は「極右」運動であり、基本的にその活動には賛同しかねるものだった。ウクライナ人にとって、ソ連の圧政、なかんずくホロドモールの記憶は忘れがたいトラウマになっていたが、1930年代後半になると状況も落ち着き、日々の生活の平穏が第一となっていた。また、ソ連体制下で成長した若年層は、ソ連の支配に疑問を抱かず、純粋にソ連を祖国として想うようになっていたと思われる。

また、ウクライナには150万人のユダヤ人が暮らしていた。ウクライナでは第一次大戦の前からロシア帝国、そしてウクライナ人自身によるポグロム(ユダヤ人迫害)が行われており、ソ連時代も政府による宗教抑圧政策によりユダヤ教の伝統を否定されることになった。ただし、ソ連支配の浸透で無秩序なポグロムは沈静化し、少なくとも大多数のユダヤ人たちは、ソ連の体制に歯向かうことさえしなければ平穏な生活を送ることができていた。ユダヤ人は大都市に集中しており、その人口当たりの割合はオデッサで36・5%、首都キエフで27・3%に上った。

ガリツィアのユダヤ人はウクライナ人、ポーランド人の双方から差別と弾圧を受けた。OUNに蔓延《まんえん》した反ユダヤ感情は、彼らが大きな葛藤もなくナチス・ドイツのホロコーストに手を貸す理由の一つになった。

ソ連、ポーランドと対立するドイツ第三帝国にとって、ウクライナは将来獲得しなければならない場所だった。ドイツ第三帝国のテーゼは「生存圏」の確立であり、その意味はドイツ人を主体とする〝他の民族より人種的に優れた〟「アーリア民族」が、自力で自らを養える土地を確保することだった。ドイツ第三帝国総統アドルフ・ヒトラーは「欧州の穀倉地帯」たるウクライナの占領こそが「生存圏」の確立に不可避であると考えており、ソ連打倒の暁にはウクライナをドイツの植民地とする計画だった。そしてヒトラーは、ウクライナの黒土をドイツ人のものとするためには、ウクライナに住む全ての人々を絶滅させることも厭わないつもりであり、彼にとっては「人種以下」の存在であるユダヤ人は、その最初の標的となるはずだった。

ドイツ軍の侵攻と
ウクライナ・パルチザンの勃興

1941年6月22日、ドイツ軍は「バルバロッサ」作戦を発動、ソ連への侵攻を開始した。この侵攻において、ヒトラーは敵を「ユダヤ=ボリシェヴィキ勢力」と定義、ドイツ軍将兵に対し、ロシア人はユダヤ人と同じ「人種以下」の存在であり、この戦いはアーリア人種が生き残るかユダヤ=ボリシェヴィキ勢力が生き残るかの絶滅戦争だという認知を与えた。これにより東部戦線のドイツ軍は、西欧諸国への侵攻時には考えられなかった規模の暴力を振るうことを許された。相手は人種以下……つまりは人間以下なのだから、兵士はもとより、捕虜や一般市民を人間扱いをする必要はなく、これらを殺戮しても軍法で咎《とが》められることもない。

ソ連侵攻後、ドイツ軍は破竹の進撃を続け、開戦から数カ月後には首都キエフを陥落させ、冬までにはウクライナ全土を制圧するに至った。

ドイツ軍に続いてウクライナに侵入したのが、特別行動隊や警察部隊、武装親衛隊だった。彼らはウクライナでの治安維持を任されており、その任務遂行のためにユダヤ人の殺戮を実施した。ユダヤ人への対応として、西欧諸国でドイツはユダヤ人を狩り集め、その後に強制収容所に輸送して労働を強いたり処刑を行ったが、東部戦線においては後背地に強制収容所があるにも関わらず、現地での銃殺を主に行った。殺戮の標的はユダヤ人、そしてソ連の共産党関係者が主となったが、殺戮を実施する部隊にはある程度の自由裁量が与えられており、極論すれば殺害に制限はなかった。

ドイツ側がウクライナで効率的に殺戮を実行できたのは、ドイツ軍とともにウクライナに侵入したOUNの助力ゆえだった。特にドイツ軍はキエフ近郊のバビ・ヤール渓谷でキエフからかき集めたユダヤ人の大量殺戮を実施し、約2日間で3万人以上を殺害した。これらの殺戮により、1942年春までにウクライナのユダヤ人150万人のうち、70万人以上が殺されたと言われている。

もっとも、ドイツ側とOUNの蜜月も長くは続かなかった。ドイツ軍がウクライナを席巻しつつあった6月30日、ドイツ軍とともにガリツィアに戻ったOUN-Bはリヴィウにおいてウクライナの独立を宣言した。もちろんドイツ側としては寝耳に水の出来事で、ウクライナの独立などさらさら許すつもりもないヒトラーは激怒した。OUN-Bの幹部はすぐさま逮捕され、指導者バンデラも強制収容所送りとなった。OUN-Bが壊滅状態となったことで、代わってOUN-MがOUNの代表となり、ドイツ軍をウクライナで先導し、占領地の行政を補佐した。これによりOUN-Mはウクライナ人

1941年8月～9月、「バルバロッサ」作戦の一環としてドイツ軍南方軍集団はキエフ方面で包囲戦を実施、約50万の兵力でソ連南西方面軍45万を包囲下に起き、およそ1カ月の戦いで戦死傷・捕虜合計70万の損害をソ連軍に与えている。この戦いの際、ソ連のNKVD（内務人民委員部）がウクライナ人のパルチザンを組織（赤軍パルチザン）、キエフ後方でドイツ軍を撹乱すべく投入している。イラストはキエフ戦線の後方へ赴くべく貨物車に乗り込む赤軍パルチザンの兵士（の女体化）。

の知識層から広範な支持を得ることに成功したが、ドイツ側にウクライナ民族主義の台頭を意識させることになり、OUN-Mの幹部たちも1942年春までにドイツ軍によって逮捕され、ウクライナ中部・東部から一掃された。

ソ連の共産党書記長ヨシフ・スターリンは1941年7月3日、ラジオ演説でソ連市民にパルチザンへの参加を呼び掛けた。ドイツ軍占領下ではドイツ軍の手から逃れたNKVD(内務人民委員部)将校たちが、敗走した兵士たちや地元市民を徴募し、パルチザン部隊の編成を開始した。ソ連軍は空輸、あるいは地上からウクライナの戦線後方に人員を派遣し、パルチザン部隊を増やそうとした。だが、ベラルーシやロシア本土のドイツ被占領地では有効だったこの方策は、ウクライナではほとんど功を奏さなかった。ドイツ軍は警備部隊を駆け巡らせ、降下したソ連軍部隊やNKVD将校が編成したパルチザン部隊を虱潰《しらみ》しに掃討していった。

ウクライナにおけるパルチザン部隊編成の動きが低調だった、あるいはドイツ軍のパルチザン掃討作戦の動きが迅速だったのは、地勢的・政治的理由の双方がある。地勢的には、ベラルーシやロシアでパルチザンの拠点となった広大な森林がウクライナにはあまりなく、パルチザンが身を隠せる場所がなかったこと。政治的には、ウクライナの内情に詳しいOUNの支援があったことと、ウクライナ市民に根深い反ソ感情があり、パルチザンに安易に味方しなかったことが挙げられる。

パルチザン部隊の士気や練度も低かった。例えばキエフ戦の前後でドイツ軍の後方に徒歩で送られた部隊としてNKVD所属の第1ウクライナ・パルチザン連隊があるが、この部隊は脱走した二人のパルチザンの通報により、ドイツ軍の待ち伏せを受けて大きな損害を被った。

1942年の春までにウクライナで形成されたパルチザンは、合計で1874個支隊、約3万人に過ぎなかった。数字を見れば分かる通り、ほとんどのパルチザン支隊が数人～数十人だったと想像できる。このうち目立った大集団は、ニコポリ～クリヴォイ・ローグ周辺の一つ(500人)と、ドニエプロペトロフスク東部の一つ(400人)、合計2個集団しか存在しなかったようだ。この程度の戦力では、ドイツ軍の足止めを行うなど夢物語だっただろう。

また、この時期になると、ドイツ軍によって壊滅させられたOUN-Bが再建され、活動を再開していた。彼らはドイツ軍をウクライナ独立のための敵と考えるようになっていたものの、現状ではドイツ軍に対抗できないと考え、人員と武器の集約に力を注いだ。彼らはウクライナ警察に浸透し、そこから武器の横流しを行うことでこれを果たそうとした。

赤軍パルチザン、OUN双方の活動が停滞する中、ドイツ軍は治安維持の名目で、各地でユダヤ＝ボリシェヴィキ勢力と断定した人々の殺戮を継続した。１９４２年を迎えると、特別行動隊の標的はウクライナ東部や黒海沿岸の都市へと移行した。例えば１９４２年１月には、ハリコフ在住のユダヤ人１～３万人が、ハリコフ近郊のドロビツキ・ヤール渓谷で銃殺されている。ドイツ軍はパルチザンに協力した一般市民に厳しい報復を行うことでパルチザンの動きを封じ込めることも企図し、その成功事例を積み上げていた。

　ウクライナにとって独ソ戦最初の半年間は、過酷な状況のまま終わろうとしていた。

ドイツ軍占領下の村落を襲撃しようとしたところ、情報が漏洩しており、ドイツ軍の待ち伏せ攻撃に遭ってしまった赤軍パルチザンの兵士たち。独ソ戦初期、ウクライナにおけるパルチザンの活動は、同地における元来の反ソ感情もあって住民らの協力が得にくく、低調のまま推移している。

ウクライナのパルチザンと民族主義者たち❷

〝死と破壊の黒い大地〟

ウクライナ・パルチザンの再起

1942年という年は、ウクライナの市民にとって激動の年となった。

まず5月、ドン川西方で対峙していた独ソ両軍のうち、ソ連軍が最初に攻勢を開始した。標的はハリコフ、そして同市を中心に展開するドイツ南方軍集団主力である。ソ連軍は南北からの挟撃でこれを果たそうとした。

一方、ドイツ南方軍集団もこれと同じタイミングで攻勢作戦を立案していた。「フレデリクス」作戦――ハリコフ南東に形成されていたソ連軍のイジューム突出部を南北から切断し、包囲殲滅する作戦だった。また、ドイツ軍はこの作戦を前段階とし、さらに大掛かりな「ブラウ（青）」作戦を開始するつもりだった。「フレデリクス」作戦でソ連軍の前線に大穴を開けた後、そのままロストフ、ヴォロネジを経由してスターリングラードを制し、さらに南下してコーカサス（カフカス）に侵攻し、最終的にソ連の生命線であるバクー油田を占領する計画だった。

12日、ソ連軍の攻勢発起により、ドイツ軍は一時的に守勢

第二次大戦前夜の欧州方面とウクライナ

1941年6月22日の「バルバロッサ」作戦で独ソ戦が始まると、ウクライナ全土は早期にドイツ軍占領下に置かれ、各パルチザン勢力も活動を始めた。だが、元来の反ソ感情から住民たちの協力は得づらく、1942年中の赤軍パルチザンの活動は低調のうちに推移している。

に回ったものの、「フレデリクス」作戦用の戦力をソ連軍の側面への反撃に投入した。不意を突かれたソ連軍は後方を突破され、5月末までに兵力約26万人を失うという大敗を喫した。ドイツ軍は予定通り、前線のソ連軍の撃破に成功、6月初旬、コーカサスへの電撃戦を開始した。以後、ウクライナはソ連軍が再来する1943年初頭までドイツ軍の占領下となる。

ウクライナ東部での激戦に、同地の赤軍パルチザンはあまり関与できなかったようだ。それだけの力がなかったというのが実情だろう。一方で、ソ連軍の攻勢を契機に東部ウクライナでは216個のパルチザン分遣隊と6つのラジオ局が形成され、これらはソ連軍の撤退により後方に取り残された。これらの部隊も地元住民に支援されたドイツ軍に1～2カ月で掃討され、ソ連軍が再びウクライナに戻ってきた時には12個分遣隊、約241人しか生き残っていなかった。

5月30日、ソ連本土では「パルチザン運動中央司令部」と呼ばれる、ソ連領全土のパルチザン運動を司る司令部がソ連国防委員会の下に置かれた。ウクライナのパルチザン運動は、「ウクライナのパルチザン運動本部（UShPD）」が統制することになった。

UShPDは地上での攻勢に乗じてパルチザンを後方に浸透させると同時に、航空機を用いて多数のパルチザンを後方に降下させた。UShPDの資料によると、1942年8月から12月の間に約300人がドイツ軍の占領地域に降り立ったという。彼らはすでに構築されたパルチザン基地、あるいは新たにパルチザン基地を設けるべき地域に向かった。しかし、これらの人員もほとんどがドイツ軍に掃討された。中にはドイツ軍の尋問により、他方面での攻勢計画を事前に暴露してしまった者もいるという。

このように、ウクライナ東部でのパルチザン戦は、少なくとも1942年秋まで低調の域にとどまった。ドイツ軍の治安維持は強固であり、また、現地住民もドイツ軍への協力を続けた。

こうしたソ連側にとって厳しい状況の中、唯一大きな戦果を挙げることができたパルチザン運動が、ソ連支配領域からドイツ占領地域への地上部隊での遠征だった。主に北ウクライナを中心に、勇敢なパルチザン指揮官に率いられたパルチザン部隊が重火器を伴ってドイツ軍の後方に浸透、ドイツ軍の拠点を破壊しつつ移動するという遊撃戦術を展開したのだ。

これまで小規模かつ火力の少ないパルチザンしか相手にしてこなかったドイツ軍にとって、重火器を装備し、移動しながら破壊行為を行うこれらの部隊は侮りがたい相手となった。ドイツ軍の対応は後手に回り、ウクライナ南部への浸透を防ぐのが精一杯だった。遠征部隊は各地に勢力を分派しつつ勢力を拡大した。

北ウクライナのパルチザン戦が効果を示していた1942年末、よりソ連側に有利な状況が現れた。最前線のコーカサス山脈でドイツ軍の進撃が停滞し、さらにスターリングラードでドイツ第6軍が包囲されたのだ。翌年1月末、包囲されていた第6軍が降伏。ソ連軍は南方戦線の全域で攻勢に転じ、1943年春までにウクライナ東部に再び接近した。

ウクライナ市民の感情も変化していた。戦争の長期化によってドイツ軍の収奪が強化され、市民の不満が高まっていた。必然的にこの傾向は市民の対独協力を弱体化させ、ウクライナ領域のパルチザン活動を容易にした。

1943年初頭の段階でウクライナでは60個の分遣隊、9199人のパルチザンが活発に活動していたが、このうち24個分遣隊、5333人がドイツ軍の掃討によりウクライナの領域から追い払われていたとされている。数字の上では引き続き苦戦が続いていたが、スターリングラードの逆転により、戦況は大きく変わろうとしていた。

1943年2月、UShPDは前年の成功から、さらに大規模な遠征部隊の派遣を決定した。元国境警備隊の隊長だったミハイル・イワノヴィッチ・ナウコフ大佐率いるこの部隊は、パルチザン部隊としては前例のない騎兵を主力とした、おそらくは数百人の規模の部隊であり、クルスク方面（ウクライナ北東方）からドイツ軍の占領地域に侵入、ジトミル、キエフ、ヴィンニツァ、オデッサ、キロヴォグラード、ハリコフ、ポルタヴァ、スーミなどの各地を荒らしまわり、2400㎞を2カ月で踏破しつつベラルーシ経由で前線に帰還した。ドイツ軍は混乱に陥りながらナウコフの部隊の捕捉を目指したが果たせなかった。

ちなみに、ナウコフの進撃ルートとなったヴィンニツァはヒトラーの軍事司令部「人狼（ヴェアヴォルフ）」の所在地であり、ナウコフはこの事実を知らなかったものの、ドイツ軍にとってその付近にアクティブなパルチザン集団が出現したという事実は衝撃的だった。

ナウコフの遠征の成功は、森林を隠れ蓑としないウクライナでのパルチザン戦の先例となった。また、ナウコフは通過した地域の住民のパルチザン化にも貢献し、以後のパルチザン戦の基礎を生み出すとともに、ドイツ軍の圧政に苦しむ人々を勇気づけることにもなった。

ウクライナ蜂起軍の戦い

1941年の「バルバロッサ」作戦の過程でドイツ軍に壊滅させられたウクライナ民族主義者組織（OUN）の二派、つまりは過激派のバンデラ派（OUN - B）と穏健派のメーリヌィク派（OUN - M）は、1942年中、敵対勢力との衝突を回避して勢力の回復に費やし、1943年から活発な行動を開始した。

1943年に最も大きな活躍を見せたのは、OUN-Bによって西ウクライナのヴォルィーニで組織された軍事組織、ウクライナ蜂起軍（UPA）(※)だった。

UPAは1942年10月にOUN-Bを母体として組織され、他の過激派愛国者組織、ウクライナ補助警察の脱走者、地元住民などから成り立っていた。このうち、ウクライナ補助警察からの脱走者は5000人にも達し、彼らがドイツ側から奪い取った武器とともにUPAの中核となった。1941年末からOUN-Bが実施していたウクライナ補助警察へ

1942年5月末以降、ウクライナ方面のパルチザン（赤軍パルチザン）運動は、パルチザン運動中央司令部の麾下「ウクライナのパルチザン運動本部（UShPD）」が統制することとなった。赤軍パルチザンはドイツ占領下の北ウクライナを中心に浸透して活動、重火器も擁する攻撃に、ドイツ軍も手を焼いている。イラストはウクライナのドイツ軍拠点を攻撃する赤軍パルチザンの兵士たち。

(※) Ukrayins'ka Povstans'ka Armiya (Ukrainian Insurgent Army)のイニシャル。

の浸透計画が功を奏した結果である。UPAはソ連軍が実施した赤軍パルチザンの西ウクライナへの浸透の反応として結成されたと言われている。

UPAは1941年の苦い教訓から、ウクライナ独立の戦いのためには地元住民の広範な支持が必要と考え、「ウクライナ人のためのウクライナ」をスローガンとした。つまりは国家社会主義や共産主義といったイデオロギーではなく、純粋な「ウクライナ人の自由」を求めるというスローガンを採用したのである。このスローガンは狙い通りの効果を発揮し、多くのウクライナ人の同意を得ることになった。

「ウクライナ人のためのウクライナ」を標榜《ひょうぼう》したUPAにとって、かつての支配者だったソ連軍や赤軍パルチザン、現在のウクライナを占領するドイツ軍は共に敵だった。ウクライナの報道によると、UPAの最初の実戦部隊は1943年1月に結成され、2月にはウクライナ西部のリブノ(リウネ)州におけるドイツ軍の拠点に攻撃を実施している。以後もUPAは西ウクライナでドイツ軍と戦闘を継続。巧みにドイツ軍の追撃をかわしながら、襲撃の手を休めなかった。UPAはベラルーシ方面から侵入した赤軍パルチザン部隊とも戦った。

UPAはヴォルィーニでの民族浄化も行った。具体的に言えば、同地域におけるポーランド人の大量虐殺である。「ウクライナ人のためのウクライナ」を実現するためには、旧支配者であるポーランド人もまた排除されるべき対象だった。この虐殺での犠牲者は判然としないが、少なくとも3万人以

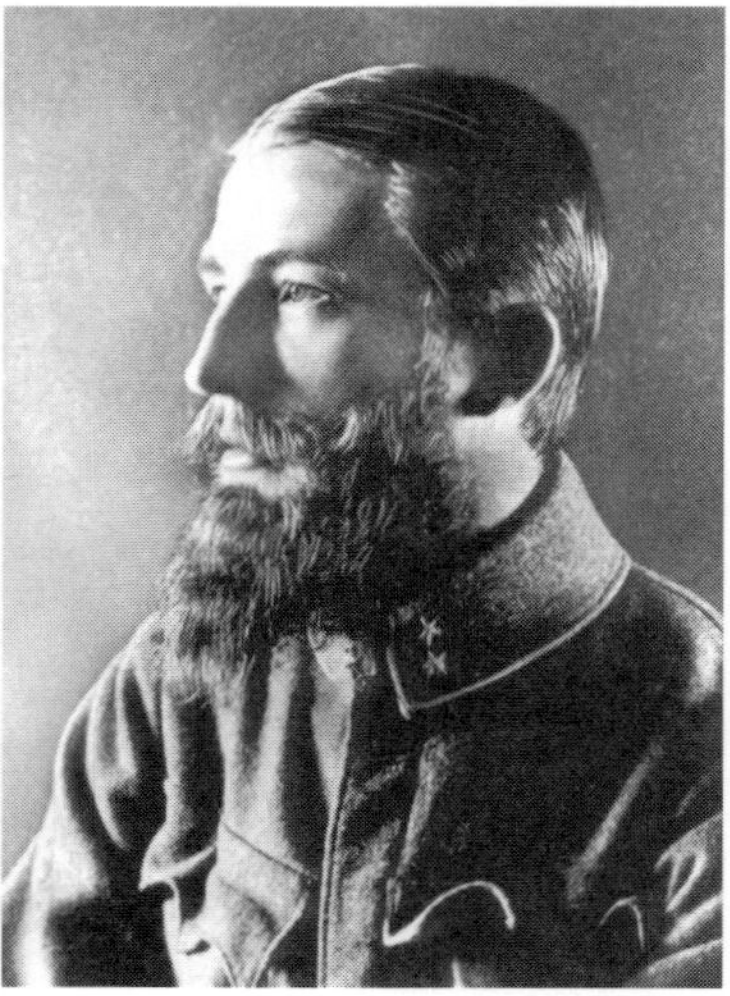

ウクライナ民族主義者組織(OUN)の設立メンバーの一人であるアンドリーイ・メーリヌィク(1890年12月12日～1964年11月1日)。保守的かつ物腰柔らかな紳士で、OUNの穏健派であるメーリヌィク派(OUN-M)の中心人物とされている

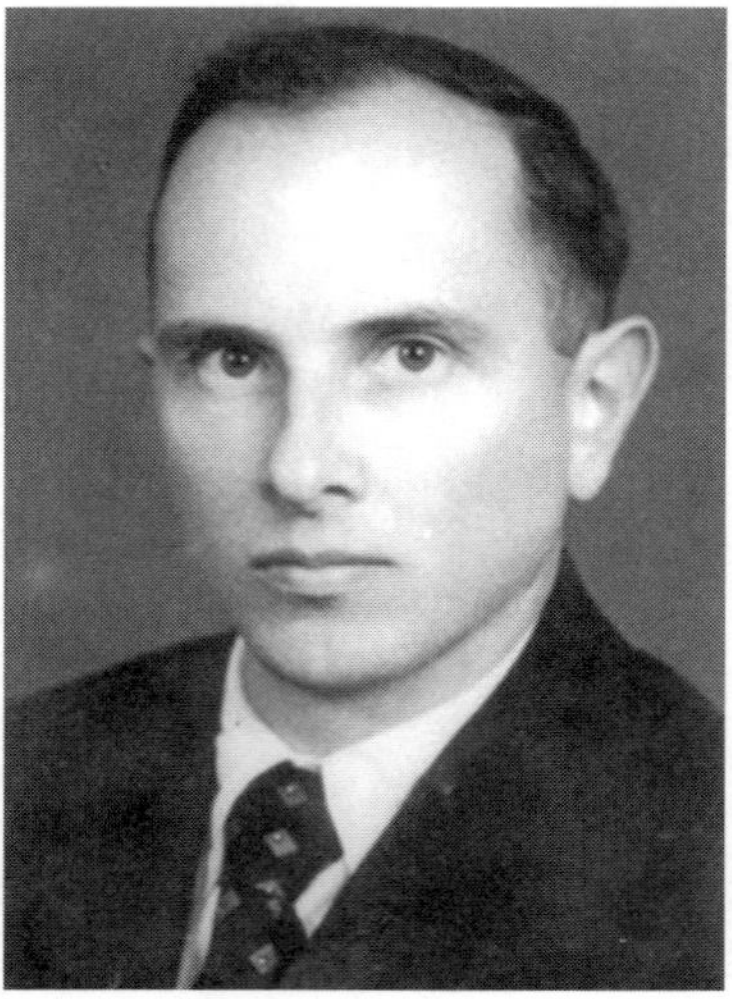

OUNの過激派、バンデラ派(OUN-B)の由来であるステパン・バンデラ(1909年1月1日～1959年10月15日)。戦前にポーランド内務大臣暗殺事件に関わり、第二次大戦中にはドイツ・ソ連の双方と敵対するなど、ウクライナ民族主義の象徴となった

上のポーランド人が犠牲となったようだ（そのほとんどが女性と子供だったと言われている）。ドイツ軍はこの虐殺を知りつつ介入を控えたため、ポーランド市民は赤軍パルチザンかポーランド国内軍に助けを求めるほかなかった。ユダヤ人はこの時点でドイツ軍とOUNに狩り尽くされていたため、主要な犠牲者とはならなかった。

さらに、UPAはウクライナ人同士の戦いにも関わった。1943年初頭の段階で、西ウクライナではOUN-BおよびUPAと対立する組織として、OUN-M、そしてウクライナ国民革命軍が台頭していた。ウクライナ国民革命軍はタ

ウクライナ民族主義者組織（OUN）の一派、バンデラ派（OUN-B）から派生して組織されたウクライナ蜂起軍（UPA）は、「ウクライナ人のためのウクライナ」を標榜し、西ウクライナなどではドイツ軍のみならず赤軍パルチザンとも対立した。UPAの兵士はドイツ軍が避けた、森林の中の赤軍パルチザン拠点も襲撃するなど、赤軍パルチザンの手強い相手となった。イラストは森林内の拠点で一時の憩いを共にするUPAの兵士たち。

ラス・ドミトロヴィッチ・ボロヴィッツ率いる民族主義者の勢力で、1941年にドイツ軍と協力し、ユダヤ人の虐殺に関与しつつ勢力を拡大したが、1942年以降はドイツ軍と対立、赤軍パルチザンとも敵対あるいは敵対的中立の立場を取っていた。また、ボロヴィッツはOUN-Bが実施していたようなポーランド人への無意味な虐殺を是とはしていなかった。この時点での名前は「ウクライナ蜂起軍」だったが、OUN-Bが同名の勢力を立ち上げたため、混同を避けるために1943年7月にウクライナ国民革命軍に名前を変更した。

ボロヴィッツはウクライナ独立のための組織がいくつもの派閥に分かれて独自の行動を取っていることを問題視し、すべてのウクライナ民族主義者勢力は自分たちの指揮下にあるべきだと主張した。この意見にOUN-Mは賛同したものの、OUN-Bは自らがその役目を果たすべきだという理由で拒絶、すぐに両者の交戦が開始された。

7月6日、UPAはまずOUN-Mの主要な部隊を包囲、これを降伏させて吸収した。

続いて8月18日にはボロヴィッツのウクライナ国民革命軍が攻撃され、9月までに敗北した。ボロヴィッツはこの戦いの中で妻を拷問の末に殺された。ボロヴィッツは失意の中で10月5日に部隊を解散、自らはワルシャワのドイツ軍に救援を求めてウクライナを脱出した(その後、ワルシャワでゲシュタポに逮捕され、ザクセンハウゼン収容所に投獄されたが、その後に武装親衛隊への協力を代償に釈放された)。

内部闘争に勝利した結果、OUN-BとUPAはOUNの主導権を握った。この闘争では、ボロヴィッツ派との内通を疑われたウクライナ人多数も犠牲となった。

OUN-BとUPAは西ウクライナの広域を支配するに至った。一部のUPAはドイツ軍に接近、赤軍パルチザンを相手に共闘を行ったが、この行動はUPAの司令部に批判されており、全体的な動きとはならなかった。UPAはいくつかの解放区を形成し、地域勢力として本当の「ウクライナ人のためのウクライナ」を生み出しつつ、ドイツ軍の支配に武力で抵抗した。

赤軍パルチザンにとってもUPAは脅威となり、西ウクライナでは食料や土地、あるいは村落の支配権を巡り、赤軍パルチザンとUPAの衝突が繰り返された。

UPAは赤軍パルチザン、あるいはドイツ軍と互角かそれ以上の戦いぶりを見せた。UPAはドイツ軍、ソ連軍から戦訓を取り入れ、正規軍に似通った指揮系統の武装組織を構築した。また、地の利に明るいUPAは待ち伏せ戦術を得意とし、これにより赤軍パルチザンとドイツ軍を各所で打ち破った。赤軍パルチザンは主に森林内を基地としており、ドイツ軍は伏撃を恐れてこれに近づかなかったものの、ＵＰＡは容易に森林に侵入し、赤軍パルチザンの拠点を襲ったため、ＵＰＡは赤軍パルチザンにとってドイツ軍よりも厄介な敵となりえた。

１９４４年初頭までにＵＰＡは1万５０００人以上の勢力に成長した。ＵＰＡは赤軍パルチザン、ドイツ軍を打ち倒すことはできなかったが、その両者もＵＰＡに致命的な打撃を与えられなかった。このため、ＵＰＡはドイツ軍撤退後も西部ウクライナに勢力を保ち続けることになり、最終的なソ連との決着は戦後に持ち越された。

ＯＵＮ-ＢとＵＰＡがドイツ軍・ソ連軍双方と戦うことを選択した一方、ＯＵＮの中で劣位に陥ったＯＵＮ-Ｍは、新たなスポンサーとして再びドイツ軍との共闘を模索した。スターリングラードの敗北以降、前線での兵力不足に喘《あえ》ぐようになっていたドイツ軍にとっては渡りに船の提案であり、両者は１９４３年初頭から急速に接近した。ＯＵＮ-Ｍには、自分たち以外のすべてを敵と見なすＯＵＮ-ＢやＵＰＡの極端な方針に反感を抱きつつ、ウクライナのために戦う意思を捨てられなかった民族主義者たちが集っていた。

ドイツ軍はこうしたＯＵＮ-Ｍの人員を中核に据え、１９４３年末、ウクライナ人主体の武装親衛隊の部隊、第14ＳＳ武装擲弾兵師団「ガリツィア」を編成した。同師団は訓練の末、１９４４年2月から東部戦線でのパルチザン掃討作戦に参加、以後、いくつもの死闘を繰り広げながら終戦までを戦い抜くことになった。

ウクライナのパルチザンと民族主義者たち③

“死と破壊の黒い大地”

ソ連軍の反攻とウクライナ・パルチザンの拡大

1943年夏から1944年初めにかけて、ウクライナは独ソ戦の主戦場となった。

まず、1943年7月、ロシアのクルスクにて独ソ両軍の決戦が行われた。スターリングラード攻防戦から続いたソ連軍の一連の攻勢により、1943年春に生じたクルスク突出部を潰すため、ドイツ軍は東部戦線に地上・航空戦力を集中。ソ連軍もこれを察知してクルスク突出部およびその後方に戦力を集め、クルスク突出部の防衛を図るとともに防衛成功後の反撃を企図した。ドイツ軍の攻勢は7月5日から開始されたが、ドイツ軍を待ち構えていたソ連軍の抵抗は強固かつ熾烈《しれつ》であり、ドイツ軍は一週間と経たずに衝撃力を失った。

さらに7月12日、クルスク突出部北側でソ連軍の反撃が開始され、8月3日にはクルスク突出部南側での攻勢も開始された。ドイツ軍は決戦に敗北し、西方への撤退を開始した。

その後、ソ連軍はドイツ軍への攻勢を段階的に継続した。ド

第二次大戦前夜の欧州方面とウクライナ

第二次大戦勃発直後、ソ連は独ソ不可侵条約のドイツとの秘密条項に基づき、ポーランドの東側を得た。戦後、ポツダム宣言に基づきポーランド共和国（1952年にポーランド人民共和国に改称）が成立した際、ソ連はポーランド東側を正式に領土として取得し、ソ連〜ポーランドの国境線が確定、現在のポーランドとウクライナおよびベラルーシの国境線に受け継がれている。なお、ポーランドは旧ドイツ領の東側を「回復領」として得ることになった。

イツ軍は戦車部隊を利用した機動的な反撃でソ連軍に幾度も大損害を与えたが、ソ連軍の攻勢全体を止めるには至らず、最終的に1944年の春までにウクライナ全土を失うことになった。

前線で独ソ両軍が激しい戦いを繰り広げる中、ウクライナの赤軍パルチザンたちはその後方で活動を活発化させていた。

クルスク決戦が行われていた1943年7月、ウクライナおよびその周辺では17の大型集団と160の独立したパルチザン分遣隊、合計で約3万人が活動しており、その3分の2が「ウクライナのパルチザン運動本部（UShPD）」と連絡を取り合っていたと言われている。スターリングラードでの敗北を転機に、ウクライナのパルチザンの数は右肩上がりに転じていた。ただし、この期間におけるウクライナのパルチザンは、ソ連軍が把握するパルチザンの総員の15・7%ほどを占めており、ベラルーシ（白ロシア）の57・8%、ロシア本土の24・6%と比べれば勢力的には劣っていたという。

この時期、ウクライナで積極的な活動を見せた部隊は、スィジル・コウパク少将率いるパルチザン部隊だった。コウパクは独ソ開戦以来のパルチザン指揮官で、1943年6月以降は2000人の兵員を率い、ドイツ軍の戦線後方の奥深く、カルパチア山脈を目指して侵入、ルーマニア油田の破壊を目指した。この襲撃は航空偵察を利用したドイツ軍の反撃により頓挫し、約600人の人員を失いながらコウパクの部隊は西部ウクライナに脱出した。

コウパクの部隊の遠征は失敗に終わったものの、西部ウクライナのウクライナ市民を勇気づけるとともに、ドイツ軍やウクライナ民族主義者たちに危機感を与え、周辺のパルチザン活動をより活発化させた。加えて、タイミング的にはまさに前述のクルスク戦の最中の襲撃作戦となり、本来ならば前線に投入されるべきドイツ軍の移動も妨害したと言われる。

1943年中にカルパチア山脈近辺に侵入したパルチザン部隊はコウパクの部隊のみであり、1944年1月、彼はこの遠征での成果を評価されて当人としては二つ目のソ連邦英雄金星章を送られた。

1944年2月には、彼の名前が付けられたウクライナで最初のパルチザン師団、第1スィジル・コウパク・ウクライナパルチザン師団が、かつてのコウパクの右腕であったペトロ・ヴェルシゴーラに率いられてベラルーシ西部とポーランド東部を襲撃した。なお、この攻撃に対して、当時、ドイツ武装親衛隊が管理していたハイデラーガー演習場（現在のポーランドのブリツナ）で訓練を行っていたウクライナ人による部隊、第14SS武装擲弾兵師団の1個連隊を主力とした戦闘団が迎撃に派遣された。ルブリン南方のフミエレクで生起したウクライナ人同士による交戦は、武装親衛隊側の勝利に終わっている。

戦線後方の襲撃でパルチザン部隊が成果を挙げる中、最前線では様々なパルチザン部隊がソ連軍の攻勢と連動して活躍していた。例えば1943年10月初旬、東部ウクライナでソ連軍がドイツ軍と死闘を繰り広げていた頃、パルチザンたちはドニエプル川やジスナ川、プリピャチ川の渡河点を確保し、ソ連軍の渡河の支援や前線での案内役を担ったという。

1943年夏から秋にかけて、パルチザンたちは東部戦線全体を舞台にした鉄道路線への攻撃、いわゆる「鉄道戦争」にも参加した。この戦いでウクライナのパルチザンは、1941年〜42年の2年間で破壊した数の4倍の列車を破壊した。ウクライナのパルチザンたちは、ベラルーシのパルチザンが行ったような鉄道路線の爆破を「ドイツ軍が線路を取り換えればすぐに修復できてしまう、貴重な爆薬の浪費」のような戦術と捉え、線路ではなくドイツ軍の列車そのものを狙う戦術を好んだようだ。

ソ連軍がウクライナでドイツ軍への攻勢を強めれば強めるほど、パルチザンの数は増加していった。1943年の終わりには4万3500人、1944年初頭には4万7800人のパルチザンがウクライナにいたという。ソ連軍が西部ウクライナに侵攻した後も、パルチザンたちは後方攪乱や先導役に活躍した。

1944年になると、ソ連軍はオデッサをはじめとするウクライナのルーマニア軍占領地域にも侵攻した。このオデッサには「オデッサのカタコンベ」と呼ばれる、かつての石灰岩の掘削によって生じた、まるで迷宮のような巨大な地下トンネルが存在し、オデッサのパルチザンたちはこの迷宮に潜み、長期間ドイツ軍やルーマニア軍に対する抵抗を試みたと言われている。この「オデッサのカタコンベ」は、現在、その一部がいくつかの博物館として公開されている。1961年、地元住民が「オデッサのカタコンベ」におけるパルチザン闘争の歴史を追究するべく探索クラブを立ち上げたことがきっかけになり、その研究が進められた。

1944年夏までに、ウクライナはそのほとんどがソ連軍の占領下となり、パルチザンたちの多くは地元に帰還して普通の生活に戻る、あるいはソ連軍に合流して戦闘を続ける、などの道を辿った。

最終的にソ連軍は1945年5月初めに首都ベルリンを陥落させ、ドイツを降伏させ、この戦争の勝者になった。ドイツ側の義勇兵となったウクライナ人たちの多くは戦場で死ぬか、ソ連軍の捕虜となり、シベリア流刑など厳しい罰に処せられたと考えられる。

前述の第14SS武装擲弾兵師団は終戦直前、ドイツにおけるウクライナ亡命政府であるウクライナ国民委員会の国軍、すなわちウクライナ国民軍の隷下部隊となり、西部戦線で米軍に降伏した。師団将兵はこの後、幸運にもソ連には引き渡されず、大部分がイギリスに送られて、そこから各国に亡命した。

ドイツの降伏により、ヨーロッパの戦乱は終結を迎えたかに見えた。しかしウクライナでは、同国の支配権を巡るもう一つの戦い、ウクライナ蜂起軍（UPA）と赤軍パルチザンおよびソ連軍との戦いが続いていた。

ウクライナ蜂起軍の壊滅

ドイツがウクライナで敗北を重ねた1943年夏から1944年夏までにかけて、ウクライナ蜂起軍、すなわちウクライナ民族主義者組織（OUN）の過激派たるバンデラ派（OUN-B）

「オデッサのカタコンベ（地下墓地）」と称される石灰石採掘跡に潜み、作戦を練る赤軍パルチザンたち。採掘跡の総延長は2,500kmとも3,000kmとも言われており、最深部は地下50m、パルチザンの活動期には最大1,500人が地下生活を送っていたとされる。戦後は犯罪者集団などの住処ともなったが、現在は観光地化されてガイドによる案内の元、見学することができる。

が主導権を握る「ウクライナ人によるウクライナ」の実現を目指す兵士たちも、活発な活動を続けていた。

ウクライナ蜂起軍の兵員数については諸説あり、1943年には2～3万人あるいは4万人、全盛期の1944年には10万人という説もあって、判然としていない。少なくとも、ウクライナに展開する赤軍パルチザンに拮抗するには十分な数だったと思われる。

ウクライナ蜂起軍は、ヴォルィーニ周辺を支配する「北部」、ガリツィア周辺を支配する「西部」、オデッサやキエフ南部、ドネツクなどに展開する「南部」、ジトミールやキエフ北部などに展開する「東部」の各部隊に分かれていた。主力となったのは「北部」「西部」であり、これらの部隊は独ソ両軍が戦闘を繰り広げている状況にも関わらず、ウクライナ西部の広域を支配した。1943年夏の段階では、ウクライナ蜂起軍の主敵はドイツ軍だったが、ドイツ軍がウクライナの支配地域を失い、ソ連軍が代わりにその地域を占領するにつれ、主敵は後者に代わっていった。

1944年2月19日、ウクライナでドイツ軍と死闘を繰り広げていたソ連軍の第3ウクライナ方面軍指揮官のニコライ・ヴァトゥーチン将軍を狙撃して致命傷を負わせたのも、ウクライナ蜂起軍の兵士である。この事件はヴァトゥーチン将軍個人の動向がウクライナ蜂起軍に知られていたこと、つまりは内部に情報提供者がいた可能性を示唆している。

ウクライナ蜂起軍が最も残虐な行為に手を染めたのも、「北部」「西部」部隊が支配するヴォルィーニやガリツィアだった。これらの地域では長年ポーランド人とウクライナ人の対立が続いており、1943年、ウクライナ蜂起軍は強大な武力を背景にポーランド人に対する民族浄化、つまりは大規模な虐殺を行った。これによって約10万人のポーランド人が殺されたと言われている(前節参照)。

戦場がウクライナより西に移った1944年冬の時点でも、ウクライナ蜂起軍は生き残っていた。このため1945年から1946年にかけて、ソ連軍はヴォルィーニからカルパチア北麓に向けての掃討作戦を実施した。ウクライナ蜂起軍は地の利を活かして果敢に抵抗したが、ソ連軍は大量の兵力を投入しただけでなく、ウクライナ蜂起軍にスパイを潜り込ませて内情を探った上で作戦を実施したため、ウクライナ蜂起軍はソ連軍に抗することができなかった。ちなみにこの掃討戦では、前述のスィジル・コウパクが率いる、元・赤軍パルチザンたちを集めた部隊がソ連軍と協力して戦果を挙げている。

ウクライナ蜂起軍にとってさらなる打撃となったのが、第二次大戦後にポーランドを支配することになった同国の共産政権が1947年4月28日から7月31日まで実施した「ヴィスワ」作戦である。

ポーランド軍（ポーランド人民軍）による掃討作戦で捕らえられたウクライナ蜂起軍（UPA）の兵士（イラスト右）。西ウクライナなどでドイツ軍および赤軍パルチザンと対立したウクライナ蜂起軍は、大戦末期から戦後にかけてソ連軍、ポーランド軍の攻撃を受けて潰滅、ウクライナ系住民はウクライナ領やポーランド西部の「回復領」へ送られることとなった。

「ヴィスワ」作戦はポーランド南東部に居住していたウクライナ人の強制追放を企図していた。この地域は前述のウクライナ蜂起軍の「北部」部隊が展開していた場所であり、大戦中に大量虐殺が行われたヴォルィーニの隣接地域でもある。戦後、ポーランドでは50万人のウクライナ人がウクライナ本土へと強制送還されていたが、ポーランド南東部にはいまだ30万人のウクライナ人がおり、この時点でもテロ活動を続けていたウクライナ蜂起軍の補給拠点となっていた。皮肉なことに、かつてドイツ軍と死闘を繰り広げたポーランド国内のレジスタンス組織、ポーランド国内軍もウクライナ蜂起軍と手を組んで、ポーランドの共産政権の支配に抵抗しようとしていた。
「ヴィスワ」作戦はポーランド軍が主力となって実施された。作戦中の約3カ月間に、約14万人のウクライナ人が西方の「回復領」（第二次大戦後にポーランドに帰属することになった旧ドイツ領）などに送られた。この作戦によりポーランド南東部のウクライナ蜂起軍は拠点を失い、壊滅状態となった。

その後もウクライナ蜂起軍は１９５０年初めまで活動を続けていたが、同年3月、総指揮官のロマン・シュヘーヴィチが戦死すると急速に戦闘力を失った。西ドイツに亡命していたかつてのバンデラ派指導者、ステファン・バンデラもウクライナ蜂起軍と連携していたが、１９５９年に西ドイツのミュンヘンでソ連スパイによって暗殺された。

１９６０年代までにウクライナ蜂起軍の活動はほとんど消滅した。ウクライナ民族主義者組織の活動も同様に消え去ったが、その組織や思想は西側の亡命ウクライナ人たちに受け継がれることになり、ソ連崩壊後に独立したウクライナ共和国におけるいくつかの右派政党の母体となり、現在もそれらは存続している。

戦後のウクライナではファシストやナチス支持者、極端な民族主義者を意味する言葉として「バンデラ派」という言葉が使われ続け、バンデラやウクライナ蜂起軍は主として批判の対象となった。しかし、２０１４年のマイダン革命およびウクライナ東部での紛争を契機に、ウクライナの国内で脱ロシア傾向が加速、バンデラやウクライナ蜂起軍についての再評価も進んだ。しかしそれはウクライナ蜂起軍、そして同軍と手を組んだナチス・ドイツと戦ったロシア等の国々に反感を抱かせる政策でもあり、ロシアがウクライナを非難する材料にもなっている。

とはいえ、戦中、戦後を問わず、ウクライナ蜂起軍に与《くみ》したウクライナ人は全体のごく一部であり、それよりも圧倒的に多数のウクライナ人がソ連兵として、また、パルチザンとしてナチス・ドイツと戦ったことも事実である。ゆえに、この一件をもって現在のウクライナを「ナチス」「ネオナチ」と評することは、全くの間違いだと著者は考えている。

参考文献【欧州編】

■フランス・レジスタンス
J=F・ミュラシオル『フランス・レジスタンス史』(白水社、2008年)
淡徳三郎『レジスタンス 第二次大戦におけるフランス市民の対独抵抗史』(新人物往来社、1970年)
ロバート・O・パクストン『ヴィシー時代のフランス 対独協力と国民革命 1940-1944』(柏書房、2004年)
山崎雅弘「レジスタンス ドイツ占領下フランスで繰り広げられた武力抵抗運動」(六角堂出版、2013年)

■ノルウェー・レジスタンス
J.Andenæs、O.Riste、M.Skodvin『ノルウェーと第二次世界大戦』(東海大学出版会、2003年)
Ø.ステーネシェン、I.リーベク『ノルウェーの歴史 氷河期から今日まで』(早稲田大学出版部、2005年)
ニール・バスコム「ヒトラーの原爆開発を阻止せよ! "冬の要塞"ヴェモルク重水工場破壊作戦」(亜紀書房、2017年)

■デンマーク・レジスタンス
橋本淳『デンマークの歴史』(創元社、1999年)
武田龍夫『北欧の外交 戦う小国の相克と現実』(東海大学出版会、1998年)
飯山幸伸『弱小国の戦い 欧州の自由を求める被占領国の戦争』(潮書房光人新社、2007年)
高橋慶史『ラスト・オブ・カンプフグルッペ』(大日本絵画、2001年)

■イタリア・パルチザン❶
ロバート・ウォリス『ライフ 第二次世界大戦史 イタリア戦線』(タイムライフブックス、1979年)
木村裕主『ムッソリーニの処刑 イタリア・パルティザン秘史』(講談社、1995年)
北原敦『イタリア現代史研究』(岩波書店、2002年)
『コマンドマガジン』(国際通信社)関連号

■イタリア・パルチザン❷
Pier Paolo Battistelli, Piero Crociani『World WarⅡ Partizan Warfare in Italy』(Osprey Publishing、2015年)
吉川和篤、山野治夫「ミリタリー選書13 イタリア軍入門 1939~1945」(イカロス出版、2006年)
ロバート・ウォリス『ライフ 第二次世界大戦史 イタリア戦線』(タイムライフブックス、1979年)
『コマンドマガジン』(国際通信社)関連号

■ユーゴスラヴィアのチトー・パルチザン❶❷❸
ロナルド・H・ベイリー『ライフ 第二次世界大戦史 パルチザンの戦い』(タイムライフブックス、1979年)
スティーブン・クリソルド『ユーゴスラヴィア史〈ケンブリッジ版〉』(恒文社、1980年)
柴宜弘『ユーゴスラヴィア現代史』(岩波書店、1996年)
『コマンドマガジン』(国際通信社)関連号

■チェコ・レジスタンス
ロベルト・ゲルヴァルト『ヒトラーの絞首人 ハイドリヒ』(白水社、2016年)
ペーター・ゴシュトニー『スターリンの外人部隊』(学研プラス、2002年)
ジャック・ドラリュ『ゲシュタポ・狂気の歴史』(講談社、2000年)
ユルゲン・トールヴァルト『幻影 ヒトラーの側で戦った赤軍兵たちの物語』(フジ出版社、1978年)

■スロヴァキア・レジスタンス
グスターフ・フサーク『スロバキア民族蜂起の証言』(恒文社、1978年)
ペーター・ゴシュトニー『スターリンの外人部隊』(学研プラス、2002年)
高橋慶史『ラスト・オブ・カンプフグルッペⅣ』(大日本絵画、2015年)

■ハンガリー・レジスタンス
ウォルター・ラカー『ホロコースト大事典』(柏書房、2003年)
『コマンドマガジン』(国際通信社)関連号
ウェブサイト「ホロコースト百科事典」(アメリカ合衆国ホロコースト記念博物館)https://www.ushmm.org/

■ポーランド国内軍❶
イェジ・ルコフスキ、フベルト・ザヴァツキ『ポーランドの歴史』(創土社、2007年)
ウェブサイト「ホロコースト百科事典」(アメリカ合衆国ホロコースト記念博物館)https://www.ushmm.org/

■ポーランド国内軍❷
ノーマン・デイヴィス『ワルシャワ蜂起1944 上・下』(白水社、2012年)
J.M.チェハノフスキ『ワルシャワ蜂起 1944』(筑摩書房,1989年)
尾崎俊二『ワルシャワ蜂起 1944年の63日』(東洋書店、2011年)
高橋慶史『ラスト・オブ・カンプフグルッペⅢ』(大日本絵画、2012年)
ウェブサイト「ポーランド広報文化センター」https://instytutpolski.pl/tokyo/

■ベラルーシ・パルチザン❶
リチャード・ベッセル『ナチスの戦争 1918-1949 民族と人種の戦い』(中央公論新社、2015年)
クリストファー・R・ブラウニング『増補 普通の人びと ホロコーストと第101警察予備大隊』(筑摩書房、2019年)
Nik Cornish『Soviet Partisan 1941-44』(Osprey Publishing、2014年)

■ベラルーシ・パルチザン❷
リチャード・ベッセル『ナチスの戦争 1918-1949 民族と人種の戦い』(中央公論新社、2015年)
クリストファー・R・ブラウニング『増補 普通の人びと ホロコーストと第101警察予備大隊』(筑摩書房、2019年)
Nik Cornish『Soviet Partisan 1941-44』(Osprey Publishing、2014年)
Alexander Hill『The Red Army and the Second World War』(Cambridge University Press、2016年)
高橋慶史『ラスト・オブ・カンプフグルッペⅦ』(大日本絵画、2019年)

■ウクライナのパルチザンと民族主義者たち❶❷
ティモシー・スナイダー『ブラックアース ホロコーストの歴史と警告 上・下』(慶応義塾大学出版会、2016年)
黒川祐次『物語 ウクライナの歴史 ヨーロッパ最後の大国』(中央公論新社、2002年)
リチャード・ベッセル『ナチスの戦争 1918-1949 民族と人種の戦い』(中央公論新社、2015年)
Alexander Gogun『Stalin's Commandos: Ukrainian Partisan Forces on the Eastern Front』(I.B.Tauris、2016年)

■ウクライナのパルチザンと民族主義者たち❸
黒川祐次『物語 ウクライナの歴史 ヨーロッパ最後の大国』(中央公論新社、2002年)
高橋慶史『ラスト・オブ・カンプフグルッペⅥ』(大日本絵画、2018年)
Alexander Gogun『Stalin's Commandos: Ukrainian Partisan Forces on the Eastern Front』(I.B.Tauris、2016年)
吉岡潤「ポーランド共産政権支配確立過程におけるウクライナ人問題」『スラヴ研究』48号(スラブ・ユーラシア研究センター、2001年)
ウェブサイト「Герои Страны」https://warheroes.ru/

抵抗の絆
Band of RESISTANCE
【アジア編】
【ユダヤ人にまつわる抵抗運動編】

フィリピン・ゲリラ❶

〝死闘の幕開け〟

太平洋戦争前のフィリピン

フィリピンは太平洋戦争で特に甚大な被害を被った地域である。また、激しいゲリラ戦が展開された地でもあり、1944年秋以降にはゲリラが日本軍を単独で圧倒する場合も多々あった。

フィリピンは東南アジアの東シナ海にある島嶼《とうしょ》国家である。首都マニラのあるルソン島をはじめとして、ミンダナオ島やヴィサヤ諸島など、多数の島々を領土としている。多民族国家であり、国内で最大の民族はタガログ族で、現在のフィリピンではタガログ語が英語とともに公用語として採用されている。戦前の人口は1800万人であった。

フィリピンが世界史に登場するのは1521年、スペインの探検家フェルディナンド・マゼランがフィリピンに到達した際で、16世紀半ば以降、スペインによるフィリピンの植民地化、入植とキリスト教化が進んだ。しかし、19世紀になると独立の機運が高まり、スペインとの闘争が開始された。この闘争は失敗に終わるが、スペインを経済的に疲弊させた。

1898年4月、アメリカとスペインの間で米西戦争が勃発。フィリピンの独立派はアメリカの支援の下で運動を再開し、同年、アメリカ軍とともにフィリピンのスペイン軍を撃

太平洋戦争開戦前夜の太平洋方面とフィリピン

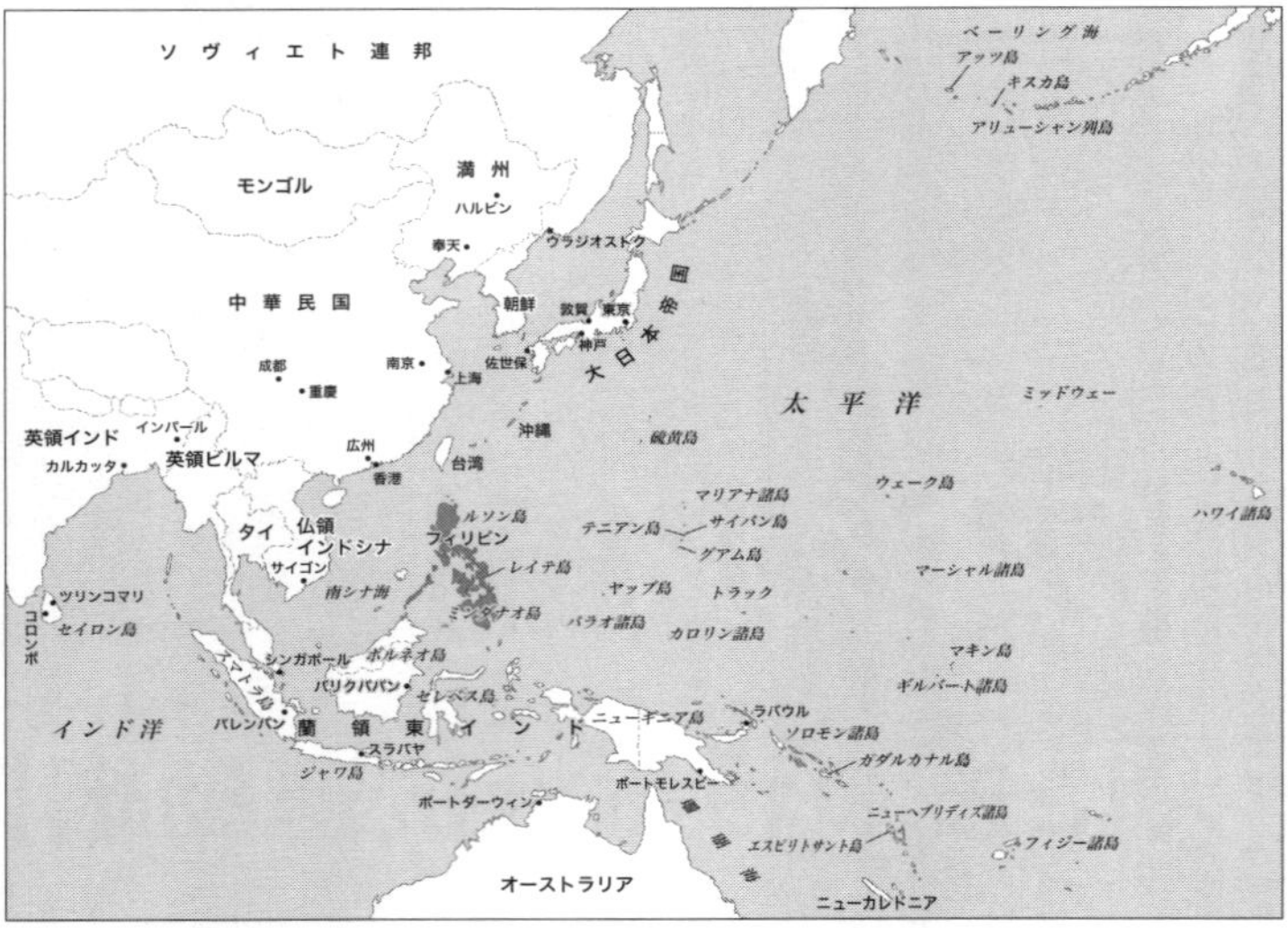

太平洋戦争開戦前、アメリカの統治下にありながら将来の独立を約束され、高度な自治権を持つコモンウェルスであったフィリピン。アメリカ資本の投入による産業振興や行政、軍の組織の成立が図られた一方、小作農や都市労働者の労働運動が盛んになり、1930年にフィリピン共産党が結成されている。

破して独立を宣言した。しかし、この独立はアメリカの望むところではなく、1899年に米比戦争が勃発。2年間の凄惨な戦いの末に米軍が独立派勢力を鎮圧し、フィリピンはアメリカの植民地となった。その後もアメリカ軍はイスラム教勢力の支配勢力の鎮定を進め、1915年までにフィリピンの全土がアメリカの主権統治下となった。

アメリカはフィリピンの将来的な独立を容認していたが、1930年代になるとアメリカの経済が大恐慌によって混乱し、フィリピンの存在がアメリカ経済にとって足枷《あしかせ》となった。フィリピンは植民地であるがゆえにアメリカに重い関税なしで農作物等の輸出が可能であり、特に砂糖が重要な輸出品となった。フィリピン産の安い農作物は世界恐慌で困窮したアメリカの農家にとって脅威となったのである。この時期にはフィリピン国内でも、合法の範囲内での独立運動が盛んに行われた。

1934年、アメリカ議会は「タイディングス・マクダフィー法」、いわゆるフィリピン独立法を成立させた。これは10年後にフィリピンを独立させるという内容で、この法律の施行を受け、1935年11月にフィリピンに独立準備政府(コモンウェルス)が成立、独立運動家でありながらアメリカと深い関係を結んでいた政治家マニュエル・ケソンが初代大統領となった。

コモンウェルスの下、フィリピンは将来の独立準備を進めるとともに、経済改革やインフラの整備、教育の促進などを推し進めた。こうした改革は大きな効果を挙げたが、農地改革では大規模農場を支配する裕福な地主とそこで働く多数の貧しい小作人という構図を解体することができず、フィリピンの農村部、特にルソン島中央部での不満が高まった。コモンウェルス政府への反感は米国・資本主義への反感につながり、フィリピンでの共産党の拡大を後押しした。

また、フィリピン南部のミンダナオ島やホロ島、スールー諸島にはモロ族とよばれるイスラム教スンニ派を信奉する人々が住んでおり、米軍によるフィリピン全土の平定後も蜂起を繰り返した。モロ族はスペインに対する長期にわたる抵抗の歴史から独立心が高く、また、ミンダナオ島をはじめとする居住地の資本が米国や他のフィリピン人に奪われているという状況から、コモンウェルスにも反感を持っていた。

太平洋戦争が勃発する1941年末の段階で、コモンウェルスは7年目を迎え、3年後の独立に向けての準備を進めていた。コモンウェルスはフィリピンの政治・経済を熟知したエリート層によって率いられており、高度な政治的手腕と知識を持ち、アメリカからもたらされた資本主義・自由主義のメリットを享受し、アメリカに対して親近感を持っていた。

こうした状況下、1939年に第二次世界大戦が勃発。

1941年には日米の対立が深まり、戦争の気配が漂った。日本は対米開戦に当たり、その目的を米英主体の経済圏の中で日本が自活可能な経済圏を獲得するためとし、その手段としてフィリピンへの侵攻を計画した。日本にとってフィリピンは最初から、英領マレー（マレーシア）やオランダ領東インド（インドネシア）などのような「自活」のための資源の獲得先ではなく、対米開戦後に成立させる「自活可能な経済圏」を守るための、軍事的な防壁として期待されていた。

太平洋戦争の開戦直前、コモンウェルス下のフィリピンの防衛は、1941年に創設されたアメリカ軍とフィリピン軍の統合部隊、アメリカ極東陸軍（U.S. Army Forces Far East）、通称ユサッフェ（USAFFE）によって担われた。

当初、フィリピン軍はコモンウェルスの下で1935年に設立され、米陸軍の指導を受けながら編成が進められたが、資金や人員の不足によってその拡大は緩やかだった。しかし、1941年に日米間の緊張が高まると、フィリピン防衛のために在フィリピン米軍とフィリピン軍を合同したユサッフェの創設が決まる。

ユサッフェの総司令官にはダグラス・マッカーサー元帥が充てられた。マッカーサーはフィリピンのエリート階級に広い人脈を持つ人物で、1935年からフィリピン軍の軍事顧問となり、フィリピンに生活と経済の基盤を持っていた。

フィリピン軍は開戦前に2個の正規師団と10個の予備師団を保有しており、人員は約10万人。在フィリピン米軍の兵力は3万1000人で、うちフィリピン・スカウトが1万2000人だった。これを統合した戦力がユサッフェとなるが、全体的に動員は遅れ、装備は不足していた。

日本軍のフィリピン占領

1941年12月8日、日本の真珠湾攻撃によって日米は開戦、太平洋戦争が始まった。

日本軍はフィリピン攻略に先立ち、開戦劈頭《へきとう》に台湾から海軍航空隊をフィリピンに送り出し、航空撃滅戦を図った。マッカーサーは台湾の日本軍がフィリピンまで届く航空兵力を持っているとは想定しておらず、在フィリピンの米航空兵力は数日で壊滅した。

制空権を確保した日本軍は10日、ルソン島北岸のアパリとビガン、12日にルソン島南端のレガスピー、22日から24日にかけてリンガエン湾とラモン湾に上陸した。複数方向から圧迫を受けたユサッフェは果敢に抵抗しつつも包囲を避けるために後退を続けた。マッカーサーは当初、水際での防衛戦を望んでいたが、戦況の悪化を受けて22日までにルソン島中部のバターン半島とコレヒドール要塞に立て籠もり、日本軍に対してできる限りの持久を企図した。とはいえ、開戦と同時に行われた真珠湾攻撃でアメリカ太平洋艦隊は壊滅状態に陥っており、バターン半島に立て籠もったとしても早期の救援は望めなかった。

日本軍は年末までにフィリピンの大部分の占領を果たした。首都マニラも26日に無防備都市宣言を行い、年明けの１９４２年１月２日に陥落した。

日本軍の進撃は迅速だったが、それゆえに山岳地帯や森林に逃げ込んだユサッフェの掃討はおざなりとなり、残存兵たちが日本軍のフィリピン制圧後も生き残る原因の一つとなった。

日本軍のフィリピン占領後も抵抗を継続したゲリラ・グループを率いたギレルモ・ナカル中佐（の美少女化）。フィリピン陸軍の小柄な将校で、黒髪とキリリとした眉が特徴だ。イラストはゲリラ・グループの兵士を前に演説しているところ。左の国旗はフィリピン国旗で、平時は右側の上が青色、下が赤色になるよう掲揚するが、戦時には天地逆に掲揚するという特徴がある。これには、戦時には赤色が象徴する「勇気・愛国心」が、青色が象徴する「平和・真実・正義」に優先するとの考えが反映されている。

ユサッフェは約10万の兵力がバターン半島に立て籠もった。日本軍は1月初旬からバターン半島への攻撃を開始したが、ユサッフェの頑強な抵抗に遭って攻勢は頓挫した。しかし、日本軍は態勢を立て直し、3月から第二次攻勢を開始。日本軍からの攻撃に加え、食糧不足による飢えで苦しんでいたユサッフェは限界を迎え、4月上旬までにバターンの全軍が降伏した。この時点でユサッフェは7万の人員で、これは日本が想定していた人員の2倍以上だった。

バターン半島で捕虜にした7万という人員は日本側の対応能力を超えていた。日本軍は輸送能力の不足から捕虜たちをバターン半島から鉄道駅のあるサンフェルナルドに歩かせざるを得なかった。バターン半島からサンフェルナルドまでは3日間の徒歩移動だったが、これまでの包囲戦で栄養失調となっていた捕虜たちには過酷な移動となり、この道中で7000人から1万人が死亡した。この出来事は米側に「バターン死の行進」と名付けられ、戦中・戦後を通して日本の戦争犯罪として問題とされた。

この移動中、日本軍の監視は往々にしてぞんざいであり、大勢の捕虜が日本兵の目を盗んで脱走した。この出来事もまた、ユサッフェの残党が戦中に生存し続ける理由の一つとなった。

ユサッフェの指揮官、ダグラス・マッカーサーは2月にバターン半島から脱出、オーストラリアへとたどり着いた。

ギレルモ・ナカル中佐の戦い

バターンの陥落によってユサッフェは壊滅したが、多数の残存する兵士たちが山岳地帯や森林、村落に逃げ込んでいた。このうち、何名かのユサッフェの士官たちが残存兵力をまとめ、ゲリラとして日本軍への抵抗を開始した。こうした抵抗組織はユサッフェ・ゲリラとも呼ばれたが、米側での名称は在フィリピン米軍（The United States Army Forces in the Philippines)、通称ユサヒプ(USAFIP)だった。

当初、ユサヒプは基本的に地域ごとに別個に戦った。各部隊は通信機器が不足していたために、部隊ごとの連携も、あるいはオーストラリアに脱出したマッカーサーやアメリカ本土との通信も不可能だった。

こうした状況下、頭角を現したのが、ユサヒプの中で唯一、無線連絡によって本土との連絡を可能にしたギレルモ・ナカル(ナカール)中佐率いるゲリラ・グループだった。

ギレルモ・ナカルは1905年にケソン州インファンタで生まれた。フィリピン陸軍士官学校を卒業後、憲兵隊に配属。功績により昇進を重ねて大尉となった。太平洋戦争が開始されると、ルソン島北部に展開する第71歩兵連隊に配属された。

日本軍のルソン島侵攻が開始されると、フィリピン北部の部隊は包囲され、バターンの戦いに参加できなかった。ナカル大尉は日本軍に対する降伏を潔しとせず、部下とともに山岳地帯に立て籠もった。5月、中佐となったナカルはルソン島北東部のカガヤン・バレー地方に属するヌエヴァ・ヴィスカヤ州や、その他の山岳諸州に残存していた兵力をかき集め、ゲリラ部隊を組織した。米軍はこのゲリラ部隊を第14歩兵連隊と呼称した。

ナカル中佐の第14歩兵連隊は無線機を装備していたため、本土との連絡が可能だった。ナカル中佐はバターン戦の終結以降、不明となっていたフィリピン方面の情報を米本土に送

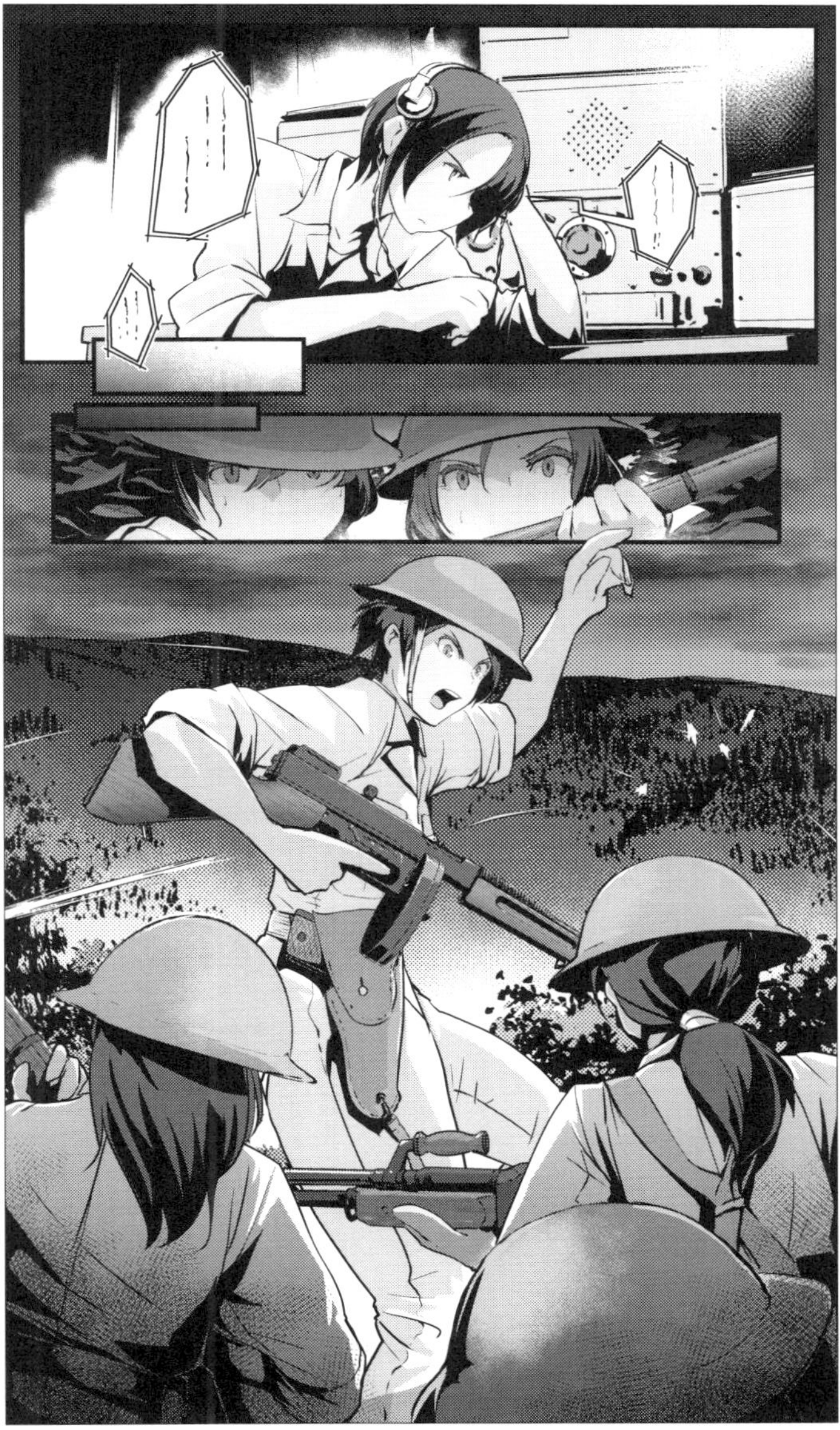

日本軍占領下のフィリピンにありながら、無線機を用いて米本土と連絡を取り（イラスト上）、部下とともに日本軍拠点への襲撃を行う（イラスト下）ギレルモ・ナカル中佐。持っているのはトンプソン・サブマシンガンの米軍採用型のM1928。ナカル中佐は第14歩兵連隊と呼ばれたゲリラ・グループと行動を共にしたが、日本陸軍の掃討隊に捕縛され、処刑されてしまった。

りつつ、連隊の編成を急いだ。

しかし、この無線連絡は諸刃《もろは》の剣だった。日本軍によって無線連絡が傍受され、ナカル中佐のゲリラ部隊が本土との交信を試みていることが察知されてしまった。

1942年夏、ヌエヴァ・ヴィスカヤ州北部のエチアゲには日本陸軍第六十五旅団隷下の歩兵第百四十二連隊が駐留していた。8月、連隊にエチアゲ南方からゲリラによる電波の発信が認められたため、このゲリラ部隊を掃討し、無線機を破壊するよう命令が下る。連隊の掃討班は8月19日に無線機を発見して鹵獲《ろかく》、29日にナカル中佐以下4名のゲリラ部隊を捕虜にした。この際、ナカル中佐は抵抗せず、「アイアム・ナカル」と両手を挙げたという。

捕虜となったナカル中佐は日本軍の尋問を受けた後、マニラのサンチャゴ要塞に送られ、1943年10月2日に死刑に処された。その手段は絞首刑とも銃殺刑とも斬首だったとも言われている。

ナカル中佐は最初に日本軍に捕縛されたゲリラ部隊の指揮官だったとされている。第14歩兵連隊はその後も存続していくが、無線機を押収されたことでフィリピンのゲリラとアメリカ本土の連絡は断絶されてしまい、フィリピンのゲリラたちは今しばらく孤独な戦いを強いられることになった。

フィリピン・ゲリラ❷

〝パナイ島の戦い〟

パナイ島のゲリラ

パナイ島はフィリピン中部・ヴィサヤ諸島の島の一つである。面積1万1514平方㎞のフィリピン第6の島で、ほぼ三角形の形をしている。日本で例えると四国の約3分の2の面積となる。西岸沿いに最高峰2048ｍのナングダド山をはじめとする山脈が連なっており、中部から西郡・南部にかけては平原が広がっている。戦時中のパナイ島の行政区域は西郡のアンチケ州、北部のカピス州、南部のイロイロ州に分かれており、その中心はイロイロ州の州都であるイロイロ市にあった。当時の人口は約130万人と言われ、このうち10万人がイロイロ市に住んでいた。イロイロ市はパナイ島の経済・文化・行政の中心だった。日本の商社も進出しており、戦前には約500人ほどの日本人がイロイロ市を中心に住んでいた。

太平洋戦争の開戦時、ヴィサヤ諸島やミンダナオ島には、アメリカ極東陸軍の一部であるヴィサヤ・ミンダナオ軍の第61師団、第81師団、第101師団が展開しており、このうちパナイ島には第61師団の5個連隊が展開していた。

1941年12月8日、日米が開戦し、10日には日本軍がルソン島に上陸した。これを受けて翌年2月、第61師団の2個連隊がミンダナオ島に転出した。この結果、パナイ島には3

第二次大戦期のフィリピン・パナイ島要図

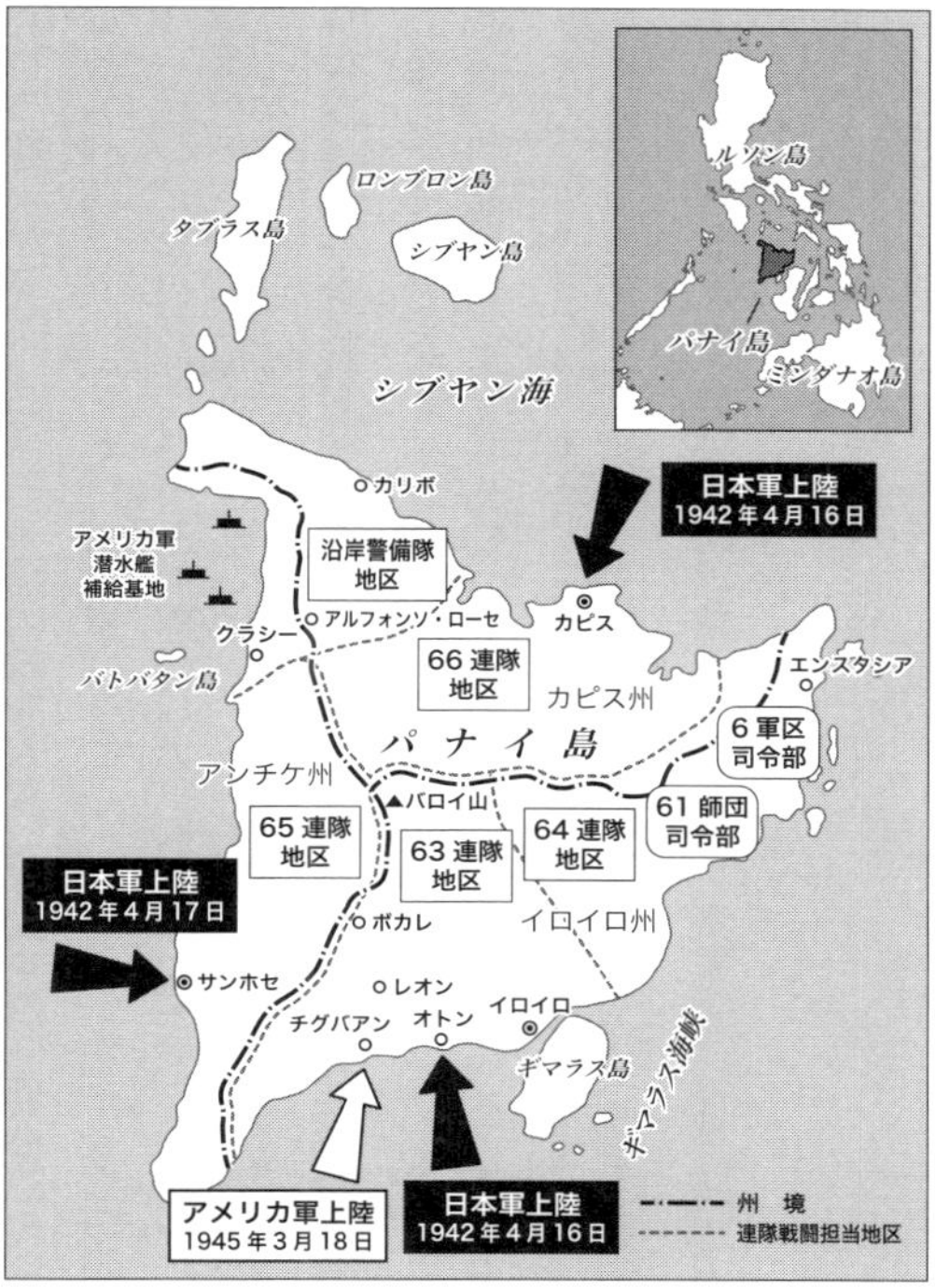

フィリピン・パナイ島は米比軍第61師団の4個連隊が守備していたが、太平洋戦争開戦後の1942年（昭和17年）4月に日本軍が上陸。5月6日の在比米軍の降伏後には山間部に逃れ、ゲリラとして抵抗を継続した。日本軍のゲリラ掃討は徹底を欠き、パナイ島では太平洋戦争を通じてゲリラとの戦いが続くこととなった。

『フィリピンの血と泥』掲載地図を参考に作図

個歩兵連隊および臨時編成1個連隊基幹の約8000人が守備隊として残された。このうちアメリカ人は少数の幹部のみで、他はフィリピン人だった。

当時のイロイロ州知事はトルコ系フィリピン人のフェルミン・G・カラムだった。カラムは前任者のトーマス・コンペソールの腹心であり、無二の親友でもあった。コンペソールはパナイ島出身の経済学者で、戦前にはフィリピンの経済政策を指導する全国協力局の長官としてマニラにあり、パナイ島では民衆の絶大な支持を集めていた。

3月、ルソン島の大部分を制圧した日本陸軍は、ヴィサヤ諸島の制圧に乗り出した。パナイ島には歩兵第四十一連隊を主力とする河村支隊が上陸することになった。4月16日、河村支隊はイロイロ市近辺に上陸した。

第61師団は日本軍に対して兵力としては互角だったが、制海権・制空権共に奪われた状態での抗戦は無意味と判断、日本軍に本格的に抵抗することなくパナイ島中心部のバロイ山方面に後退した。

5月19日、フィリピンの全米比軍を指揮するウェンライト将軍は日本軍への降伏を命じた。これを受けてパナイ島の第61師団も降伏することになったが、日本軍への投降を決めたのは1800人で、残りの6000人余りは兵器を持ったまま山岳地帯に立て籠もることを決めた。勝勢に乗る日本側はパナイ島の敵を入念に掃討する必要を認めず、河村支隊にすぐに引き揚げを命じ、代わりに第十独立守備隊の独立歩兵第三十三大隊がパナイ島全域の警備を命じられることになった。同大隊は主力の4個中隊をパナイ島の各都市に分散して配置、治安の維持に努めた。各中隊の拠点はいずれも50㎞以上離れており、相互支援は不可能な態勢だった。

当初、独立歩兵第三十三大隊による軍政は穏やかに進められた。日本側は敵によって破壊されたイロイロ市を再建し、多数の日本企業を誘致した。行政についても、山中からイロイロ市に戻ったカラムに知事就任を要請、カラムはこれを嫌がったが、日本側のしつこい要請に抗しきれず、日本側への協力を約束した。

だが、前述のようにパナイ島の山岳地帯には、旧第61師団の数千人がゲリラとしてそのまま残っていた。ゲリラの指揮官はマカリオ・ピラクサ中佐。ピラクサ中佐は米比軍きっての秀才であり、日本軍への降伏を強く拒んだ戦意旺盛な人物だった。

8月、それまで沈黙を守っていたピラクサ中佐率いるパナイ・ゲリラは突如として行動を開始、各中隊やその周囲の警備所に襲い掛かった。日本側は各地でゲリラに圧倒され、あっという間に各中隊がゲリラに包囲されることになった。イロイロ市でもゲリラの跳梁《ちょうりょう》が始まり、市街で毎日のように銃撃戦が繰り広げられた。

ゲリラの占領地の拡大に伴い、9月末までにパナイ・ゲリラは9000人まで膨れ上がった。もはや第三十三大隊はパナイ島の警備どころか、イロイロ市の確保さえ困難となっていた。

パナイ島、死闘の日々

1942年10月上旬、日本軍の占領地域はイロイロ市をはじめとする少数の都市のみとなっていた。ゲリラは解放した街に星条旗を掲げ、次々に旧来の行政機関を復活させ、戦前と同じ行政が行われた。

事ここに至り、日本軍はパナイ島に増援を投入した。まず、ヴィサヤ地区の警備のために第十一独立守備隊が編入され、パナイ島にはこのうちの独立歩兵第三十七大隊が送り込まれた。当時、同大隊第三中隊の機関銃小隊長だった熊伊敏美氏の回想では、パナイ島に着くまでゲリラの活動の活発ぶりについてはほとんど聞かなかったという。第三十七大隊はイロイロ市周辺に配置され、第三十三大隊はアンチケ州サンホセとその周辺に移動した。しかし、この程度の戦力強化では状況に変化はなく、ゲリラの攻撃は続いた。

11月、日本軍はパナイ島にさらに第六十三兵站《へいたん》警備隊や独立歩兵第三十八大隊の一部、第十六師団の一部、鹵獲《ろかく》したM3軽戦車4両(1個小隊)などを送り込み、既存の2個大隊と合わせてゲリラ掃討作戦を開始した(前期戡定《かんてい》作戦)。上空からは陸軍航空隊、洋上からは海軍の砲艦「唐津」(米軍の砲艦「ルソン」を鹵獲・改装したもの)がこれを支援する。

日本軍の攻勢を受け、まずはイロイロ州のゲリラ勢力が圧迫され、他の州に撤退した。続いて1943年2月からはパナイ島西郡への攻勢(後期戡定作戦)が発起され、いくつかの都市を再占領した。この攻撃でゲリラの布陣は乱れ、一時的にその動きは沈静化した。7月には、再度のゲリラ討伐作戦が開始され、その後の半年間、日本軍はパナイ島の全域でゲリラ部隊を追い求めて部隊を激しく移動させたが、ゲリラたちに大きな打撃を与えることはできなかった。しかし、ゲリラの統制に再び乱れが生じ、1944年初頭から秋までパナイ島の戦火は小康状態となった。

一連の掃討作戦中、日本軍は次々に町や村を解放しながらゲリラの指揮官たちを追ったが、ゲリラたちは地元住民の協力を得ており、日本軍がその目的を達せられることは稀だった。住民は表面上は日本軍に協力しつつ、裏ではゲリラを支援している者も多く、日本軍はゲリラの情報を得るために住民や捕虜への尋問を頻繁に行い、場合によっては拷問、殺害も辞さなかった。

1943年末〜1944年初めには日本軍の編制が改変さ

れ、独立歩兵第三十三大隊は独立歩兵第百六十五大隊に、独立歩兵第三十七大隊は独立歩兵第百七十大隊となった。1944年1月にはヴィサヤ諸島の全域を戡定する部隊として第百二師団が創設された。

パナイ島のゲリラは日本軍の攻撃を、山岳地帯に退避することでやりすごしていた。その規模は1943年6月には約1万5000人にまで拡大していた。補給物資については、同年4月以降、米海軍の潜水艦から受け取ることが可能になり、6月までに全戦闘部隊の約半分、1944年1月までには9割が武装するに至ったという。潜水艦から渡された物資の中には個人兵装だけでなく少数の機関銃、ラジオ無線機、レーダーサイト設置機材などが含まれていた。このため掃討作戦では、時としてゲリラ側が日本側の火力を圧倒することもあった。

日本軍はゲリラ撃滅のために地元住民に厳しく当たったが、ゲリラも日本軍に協力した住民に苛烈に対処した。また、日本軍の掃討が開始されると、該当地域は無秩序な状態となり、ゲリラによる狼藉《ろうぜき》が多発した。

日本軍とゲリラ、地元住民の関係を示すエピソードの一つとして、「曙光」第38号（累計119号・2007年2月1日刊行）に掲載された、当時第百七十大隊で小隊長としてパナイ島のレオンの街に駐留していた豊田千代美氏の回想がある。

1944年7月、レオンの豊田氏の元に町長と警察署長がやってきて、「戦争が始まってからもう2年にもなるが、毎年やっているお祭りを是非やりたいがどうでしょうか」と尋ねた。豊田氏はこれに賛成し、7月末に町では日本軍将兵を交えて盛大なお祭りが開かれて盛り上がった。しかしその翌日、レオンの町の住民多数がゲリラによって山岳地帯に連れ去られ、日本軍の拠点は包囲下となって銃撃を受けた。町には火がかけられ、10日後までに焦土と化し、町に残っていた住民も山岳地帯への避退を強いられた。日本軍と懇意にした住民の姿勢にゲリラが反発した結果と思われる。

日本軍とゲリラの板挟みにあったパナイ島の住民は幾多の苦難を味わうことになった。住民の多くは、ゲリラや日本軍ではなく、何よりも米軍の再来を待ち望んだ。

1944年夏、マリアナ諸島が陥落すると、次の決戦場はフィリピンになると考えられ、ヴィサヤ諸島の飛行場の造成が急ピッチで進められた。パナイ島での飛行場の造成も進められたが、ゲリラの襲撃によって思うように進まなかった。

パナイ島ゲリラの勝利

米軍がレイテ島に上陸した1944年10月以降、パナイ島のゲリラは再び勢いを盛り返し、各地の日本軍を襲い始めた。レイテ戦の後、パナイ島には2個大隊しか残留していなかったと言われており、ゲリラと日本軍の戦力差は歴然としていた。日本軍は損害を受けながら警備範囲を収縮し、イロイロ市周辺を重点的に防御した。また、米軍の上陸があった場合には、ゲリラの包囲を突破して島の中西部のボカレ地域に逃れることが決められた。

パナイ島ゲリラには、米側から潜水艦を用いての物資補給が継続して行われている。イラストは米潜水艦から小舟（バンカーボート）で物資を受け取り、陸揚げしている様子。バズーカや食料品が供給されたようだ。潜水艦はガトー級のほか、より大型のナーワル級（「ナーワル」「ノーチラス」）も物資輸送作戦に投入されている。

日本軍にとって幸いだったのが、この転進計画が早期に立案されたこと、また、ボカレへの転進に備えて、食料の備蓄が進められたことだった。このおかげで、後にボカレに転進した日本軍はレイテ島やルソン島のように飢餓で多数の人命が失われる事態を避けられた。とはいえ、その食料は日本軍がパナイ島の住民から徴発したもの……横取りしたものにほかならなかった。

１９４５年２月、ゲリラはイロイロ市に総攻撃を開始、３月18日には米軍がパナイ島イロイロ州のファフィマ海岸に上陸した。現地の日本軍は事前の計画に従い、一斉にボカレ地域への脱出を開始した。この脱出戦は各地で日本軍を包囲していたゲリラと正面からぶつかることになり、激戦が繰り広げられた。この脱出戦にはイロイロ市の邦人たちも参加したが、一部の集団は多数の死傷者を出したことから、軍の足手まといになるという理由で集団自決した。この事件ではごく

日本軍はフィリピン攻略戦で鹵獲したM3軽戦車を戦車部隊に編入して使用した。コレヒドール要塞戦やインパール作戦での運用が知られているが、パナイ島ゲリラの掃討戦にも1個小隊4両が投入されている。イラストは日本軍が持ち出したM3軽戦車を攻撃しようとしているパナイ島ゲリラ(の女体化)。

1945年3月18日、米陸軍第8軍麾下の第40歩兵師団がパナイ島南岸のチグバアン付近に上陸を開始した。写真は同師団の第185歩兵連隊がM4中戦車を押し立て、進撃している様子

わずかな数の子供たちが奇跡的に生き残り、残留孤児となった。

日本軍の脱出戦は、イロイロ市での抵抗を予想していた米軍にとって予想外だった。このため、米軍の上陸部隊は脱出戦にあまり関与できず、米軍は日本軍が消えたイロイロ市をゲリラとともに占領した。

その後、日本軍は終戦までボカレ地区に留まった。米軍もボカレ地区への強攻は控えた。8月15日に終戦となり、31日、日本軍は米軍に投降した。

パナイ島での戦いで、日本軍は約２０００人の戦死者を出したと言われている。一方、ゲリラの損害は１３２７人、上陸した米軍の損害は約20人とされる。そして、パナイ島の住民はこの戦争で1万人を失い、イロイロ市をはじめとする多数の町や村落が灰燼《かいじん》に帰した。社会インフラは崩壊し、住民は戦後も困窮を余儀なくされた。

太平洋戦争でパナイ島ほどゲリラと日本軍が長期間にわたって抗争を繰り広げた場所は他にないと思われる。しかし、パナイ島は食料が潤沢で、上陸した米軍との戦闘も大規模ではなかったという意味で他の島々よりはむしろ恵まれており、それは日本軍、ゲリラ、現地住民の死傷者をある程度抑制したと言える。

戦中、日本軍に協力したカラムは戦後に特に大きな罪には問われず、また、戦時中の知事であったコンペソールもフィリピン政界で活躍を続けた。フィリピンでは政府要人や知識人たちが表で日本軍と協力しながら裏ではゲリラとつながっていた事例が数多くあり、戦前から戦後にかけて現地行政の権力構造はあまり変化しなかった。パナイ島はその好例と言えるだろう。

フィリピン・ゲリラ③

“フクバラハップとモロ族ゲリラ”

フクバラハップの戦い

太平洋戦争中、フィリピンでは多数のゲリラ部隊が誕生し、日本軍と交戦した。その中で、戦時中日本軍に抗したのみならず、戦後も米軍やフィリピン軍との対決を続けた組織が存在する。フィリピン共産党の武装組織、フクバラハップ……通称フク団である。

フクバラハップの起源は、母体であるフィリピン共産党の性格に求められる。

戦前のフィリピンは共産主義運動が盛んな土地として知られており、フィリピン共産党は１９３０年８月に結成された。

当時、フィリピンはかつてのスペインによる統治やその後のアメリカの統治によって植民地経済が発展し、農地の多くは大地主によって支配されていた。農民の多くは小作人となって大地主から土地を借り、その代価として農作物を提供したり、他の労働を無償で行った。小作人は常に収入が不足しており、経済的に大地主に依存するしかなかった。

１９３０年代になると、大地主の農地営業がより営利重視となり、できるだけ安く小作人を使い利益を上げたい大地主側と、これに反発する小作人たちの間でトラブルが増加した。この状況を変えるには農地改革を行う他なかったが、アメリ

第二次大戦期のフィリピン要図

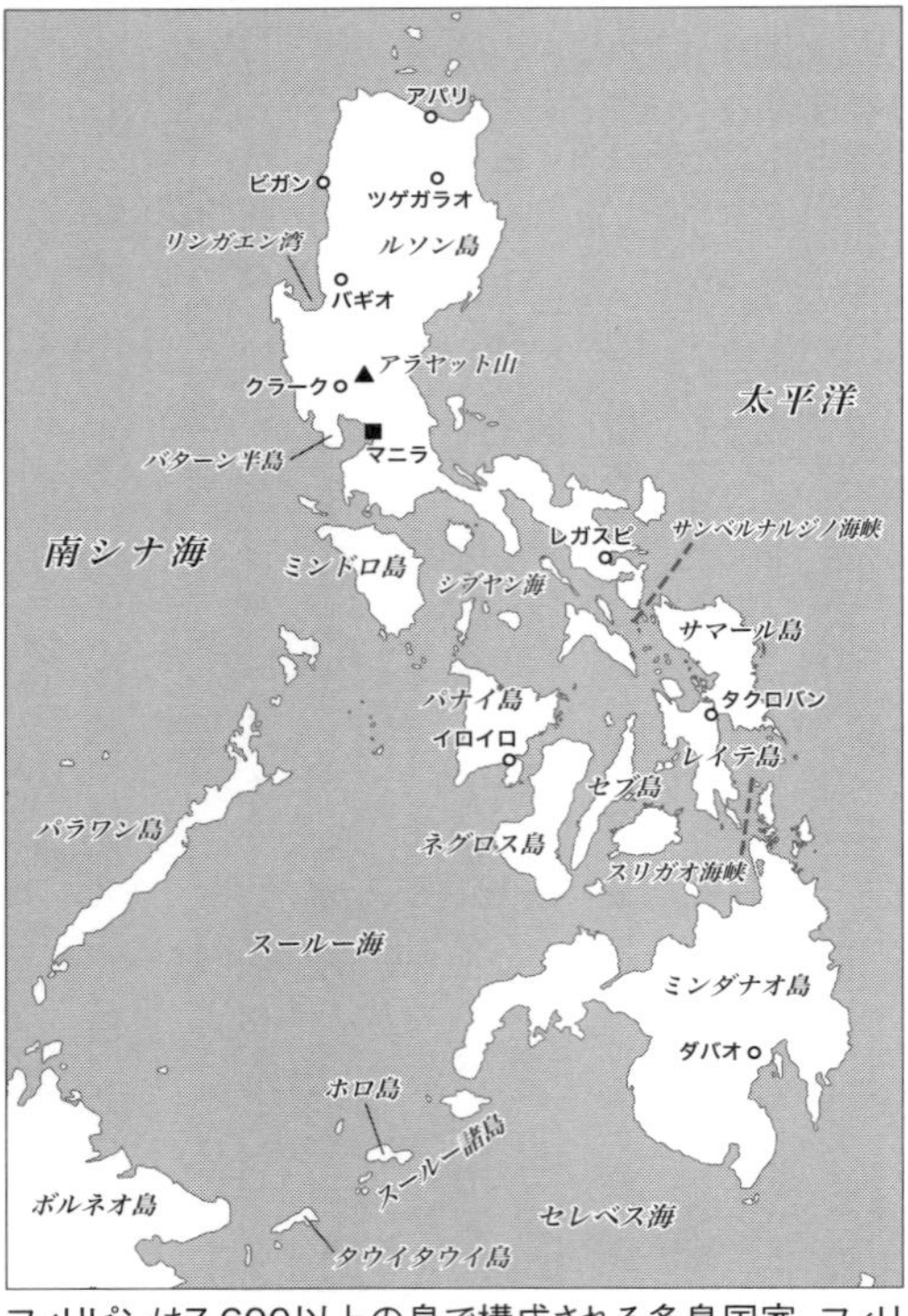

フィリピンは7,600以上の島で構成される多島国家。フィリピン共産党の武装組織であるフクバラハップ（フク団）はルソン島中部を、モロ族ゲリラはホロ島をはじめとするスールー諸島およびミンダナオ島を主な活動拠点とし、フィリピンを制圧した日本軍に対する抵抗運動を終戦まで継続した。

力の統治下でこれを行うのは難しく、また、たとえ独立を果たしたとしても、アメリカとのつながりが深く、現状の産業構造を肯定するフィリピンの保守的なエリート層を排除しなければ農地改革は実現しそうになかった。

こうした状況を変えるためには農民自身による社会運動が必要であり、そうした気運の高まりの結果、大地主による農地支配が最も進んでいた中部ルソンを中心に、いくつかの社会主義・共産主義組織が農民や革新的エリートたちによって組織された。フィリピン共産党はその統合組織として発足した。

フィリピン共産党は1931年9月にフィリピン政府によって非合法化され、弾圧の対象となり、地下への潜伏を余儀なくされた。しかし、1930年代半ばになると、ナチス・ドイツの隆盛や日本の中国・東南アジア進出などの新たな脅威が見え始めた。将来の有事に備えるためには国内をまとめる必要が生じ、フィリピン政府は1937年にフィリピン共産党を合法化、同党もアメリカ合衆国共産党の指導を受け、合法での社会運動に重点を置くことになった。

1941年末に太平洋戦争が勃発し、翌年初めまでに首都マニラが陥落すると、フィリピン共産党は日本軍にとっての弾圧の対象となった。日本軍はフィリピンの旧来の政治機構を活かす形でのフィリピン統治を考えており、農民運動を反日運動に転換可能なフィリピン共産党は排除されるべき存在だった。1942年（昭和17年）1月24日、日本陸軍の憲兵隊はマニラのフィリピン共産党幹部たちを一斉に逮捕し、首脳部を壊滅させた。

2月、フィリピン共産党残余は中部ルソンに集結し、今後の方針を議論した。これにより、フィリピン共産党は当面の間、抗日運動に集中することになった。その目的は日本軍の支配を妨害することで農民たちに対する略奪を抑制するとともに、現在の日本の傀儡《かいらい》政権の権威を失墜させ、民衆に本当の意味での民主主義を根付かせることだった。

この方針により、抗日のための武装組織として、フクバラハップが生み出された。フクバラハップはタガログ語における「抗日人民軍(フクボン・バヤン・サ・マガ・ハポン)」を由来とした。フクバラハップの指揮官には、フィリピンの政治家・農民運動家であるルイス・タルクが就任した。

フクバラハップはその名から類推できるように、中国共産党の抗日組織を参考としていた。フクバラハップは1937年にエドガー・スノーによって著された中国共産党の活躍を描く『中国の赤い星』を参考に、組織作りや武力闘争の研究を行ったという。

フクバラハップは中部ルソンのアラヤット山を中心に1942年春から活動を開始した。とはいえ、この段階でのフクバラハップは脆弱で、武器も人員も不足していた。そこで、フクバラハップは武器を手に入れるためにバターン半島まで遠征し、バターン包囲戦の際に米軍が残していき、地元住民が隠していた武器を受領した。この武器により、フクバラハップは武装組織としての体裁を早期に整えることができた。

なお、戦時中の日本陸軍憲兵隊員のOB会である全国憲友会連合会が編纂《へんさん》した日本憲兵の記録、『日本憲兵正史』（全国憲友会連合会本部／1976年）には、当時バターン半島で戦っていたフィリピンの日本軍主力の第十四軍がフクバラハップに背後を突かれないよう、大本営の辻正信参謀と第十四軍参謀長、副官の憲兵曹長との協議により、フクバラハップに日本軍との和平協定を持ち掛け、これが実現したことが記されている。しかし、フクバラハップを率いたルイス・タルクの自伝『フィリピン民族解放闘争史』（三一書房／1953年）では、フクバラハップは1942年を通して抗日活動を行っていたようで、この和平協定は限定的な効果しかもたらさなかったようだ。

中部ルソンの山岳地帯を舞台にフクバラハップは戦力の拡充に努め、1942年には2700人、1944年には9000人の兵力となり、この他に多数の予備員を持っていた。日本軍への襲撃も継続され、多数の日本軍の拠点や隊列を襲撃した。しかし、フクバラハップの兵力は分散しており、また、兵員たちは地元の農村と密接していたため、兵力を集結しての大規模襲撃や、中部ルソン以外への組織立った攻勢はなかなかできなかったようだ。そうした攻撃をフクバラハップが可能とするのは、米軍がリンガエン湾に上陸し、日本軍がルソン島内陸に撤退する1945年（昭和20年）1月以降のこととなる。

中部ルソンの村落のいくつかはフクバラハップによって解放され、その行政を行うために村落統一防衛隊が結成された。住民たちはこれまでの政治情勢では望めなかった本当の自治権を得たことで、フクバラハップに好感を持った。フクバラハップは一方、自分たちの意向に従わない大地主については殺害も辞さないことがあり、また、一般のフィリピン市民に対して略奪したり拷問したりもした。ただし、フィリピンのゲリラ部隊が一般のフィリピン市民にとって「敵にも味方にもなった」のは、ルソン以外の他の地域でも同様だった。

フクバラハップには菲律賓《フィリピン》抗日遊撃隊、あるいは「四八中隊」と呼ばれる中国人たちの部隊があった。菲律賓抗日遊撃隊はフィリピンに住んでいた中国移民(華僑《かきょう》)を中心に、1942年5月に結成された。

2015年、中国共産党の広報部門が運営するウェブサイト「中国網」に掲載された生存者の話によると、菲律賓抗日遊撃隊は創立当初わずか52人だったが、戦争中に数を増やし、

ルソン島のジャングル内でユサッフェ（アメリカ極東陸軍）の兵士と共闘する、フクバラハップの闘士（共に女体化）。フクバラハップ闘士はバターン半島の戦いの後に入手したM1ガーランドを、ユサッフェの兵士はM1カービンを装備している。両者は対日本軍という点では協力関係にあったが、イデオロギーに根本的な違いがあり、米軍のルソン島上陸（1945年1月）以降には関係が決定的に悪化するに至った。

終戦までに700人以上の規模となったという。ルイス・タルクもその自伝で彼らについて度々言及し、菲律賓抗日遊撃隊が規律の面で大変に模範的で、戦闘技量・士気ともに高く、白兵戦を得意としたことを記している。

フクバラハップは在比米軍主体のゲリラ組織、ユサッフェ（USAFFE／アメリカ極東陸軍）とも共闘したが、同時に緊張した関係でもあった。少なくとも『フィリピン民族解放闘争史』には、複数のフクバラハップの部隊が1942年から1944年にかけてユサッフェと交戦したことが記されている。ユサッフェは米軍とフィリピン人の合同組織であり、戦後の資本主義政権による支配を肯定していた。一方、フクバラハップはフィリピン共産党を母体とする、農地改革を主目標とする革新的な勢力であり、両者は日本軍相手に共闘したものの、政治思想的には遠い位置にあった。

米軍とフクバラハップの関係が決定的に悪化するのは、米軍がリンガエン湾に上陸し、中北部ルソンで米軍とフクバラハップが直接接触するようになった1945年1月以降だった。米軍は各地でフクバラハップに武装解除を命じ、時と場

フクバラハップの指揮下には、在フィリピンの華僑で構成された菲律賓（フィリピン）抗日遊撃隊（または、菲律賓華僑抗日遊撃隊）があった。背景は同部隊の旗で、赤地に黄色の星三つと「支華」と字が描かれている。イラストはチャイナドレスを身にまとい、中国拳法で日本軍兵士を撃退する抗日遊撃隊（の女体化）。

所によっては人員を虐殺した。これに応じてフクバラハップも米軍の基地等を襲撃するようになり、両者は終戦を見ずして険悪な状態になった。2月にはルイス・タルクらフクバラバックの幹部が米国によって逮捕された。ただ、農民たちからの反発が大きかったことから、彼らは終戦後の9月に釈放された。

戦後、フクバラハップはいったん解散したものの、米軍やフィリピン軍による弾圧は止まず、元団員たちは山岳に避難した。フィリピンが独立した後もフィリピン政府による農民やフクバラハップへの冷遇は続き、結果として１９４６年、二度目のフクバラハップによる反乱が開始された。この反乱は１９５０年代半ばまで続き、フィリピン史に大きな影響を残すことになった。

モロ族ゲリラの戦い

太平洋戦争中のフィリピンにおいて、ユサッフェやフクバラハップ以上に恐れられた抗日組織があった。モロ族のゲリラである。

「モロ族」とはフィリピンにおけるイスラム教徒（ムスリム）を指す包括的な言葉で、実際に日本軍が対峙したモロ族とは、フィリピン南部のスールー諸島やミンダナオ島に住まうイスラム教徒の各部族である。これらの諸地域のモロ族の中心となったのはスールー諸島を居住地とするタウスグ族。同族はスールー諸島にかつて存在したイスラム国家の王位や貴族を独占してきた種族で、他のイスラム部族と比べて人口で最大を誇り、経済面でも優位に立っていた。

スールー諸島には15世紀から20世紀にかけてイスラム王国のスールー王国が存在した。スールー王国はスールー諸島やボルネオ島の一部を領域とし、16世紀のスペイン人来航以後もスペイン人と激しい戦いを繰り広げながら独立を維持した。19世紀、スールー諸島はようやくスペインの軍門に下り、王国領土はその間接統治下となる。その後、米西戦争によってフィリピン全土がアメリカの手に渡るが、スールーのモロ族はスペイン、アメリカと土地の支配権を巡り幾度も衝突を繰り返した。最終的にスールー諸島は１９１３年にアメリカによる文民統治下となるが、自治を望むモロ族の抵抗勢力は存続した。

モロ族がスペインやアメリカ相手に長期間にわたって抗争を続けることができた理由の一つとして、その独特の文化が挙げられる。スールー諸島のモロ族はかつて同地を支配したイスラム王朝の末裔《まつえい》というアイデンティティを持っているだけでなく、他の民族に比べて個人や親族の名誉・体面を重んじ、名誉を守るためには死をいとわず報復する姿勢が賞賛される気風を持っていた。また、モロ族には戦いの際に「ジュラメンタド」という戦士となる風習があり、これはイスラムの敵を殺せば殺すほど自らの徳が上がり、天国に行けるという思想から、いくつかの儀式によって身体の痛みを感じない、異常な精神的興奮状態となった後に戦場に赴くというものだった。民族の歴史的な誇りと気風、宗教的な思想と儀式がモロ族の男たちを屈強な兵士に変貌させ、モロ族をフィリピン史でも有数の戦上手の民族集団とした。

1942年春、日本軍がフィリピン全土を制圧し、ミンダナオ島やスールー諸島に上陸すると、モロ族は日本軍に対する反乱を各地で開始した。モロ族にとって、自らの土地を奪いにくる人間たちという点ではアメリカ人も日本人も同じだった。

スールー諸島とミンダナオ島の各地で日本軍とモロ族の武力衝突が相次いだ。一部地域で日本軍はモロ族と和解し、戦火を止めることに成功したが、大部分の地域では日本軍とモロ族は激しく敵対した。上記のようにモロ族は敵に情けをかけないため、日本兵を残虐な方法で殺害した。一方の日本軍もそうしたモロ族の蛮行に対して、同じように残虐な方法で報復した。報復が報復を呼び、モロ族と日本軍の戦いは常に悲惨な結果となった。

日本軍の中で最もモロ族の脅威にさらされたのが、スールー諸島のホロ島に展開した独立混成第五十五旅団だった。同旅団は隷下の独立歩兵第三百六十三大隊と同第三百六十五大隊とともに1944年(昭和19年)10月からホロ島に進出(約6000人)、飛行場を守備するとともに島の治安を維持しようとした。

しかし、このホロ島はかつてスールー王国の都が置かれたモロ族有数の拠点であり、モロ族は日本軍相手に積極的に戦いを挑んだ。このため、独立混成第五十五旅団はホロ島の全域でモロ族の襲撃にさらされて犠牲者が続出した。翌年の4月9日には米軍が上陸、旅団は米軍と戦闘を行いながら島の内陸部へと撤退を繰り返したが、その過程でもモロ族の攻撃は続き、多数の犠牲が生じた。終戦までに生存した旅団将兵はわずか135人に過ぎなかった。

ホロ島は戦後もイスラム系武装組織の根拠地であり続け、フィリピン政府軍と幾度も衝突を繰り返した。2000年代~2010年代にはいくつかのテロが発生、現在でも日本政府によって渡航中止勧告が発出される地域となっている。

フィリピン・ゲリラ❹

〝セブ島ゲリラと海軍乙事件〟

セブ島の戦い

セブ島はフィリピンの中央に位置するヴィサヤ諸島にある、南北225㎞にわたって伸びる細長い島である。面積は4422平方㎞。周囲をいくつかの小さな島に囲まれている。

セブ島は太平洋戦争で主要な戦場となった島々に近接している。例えば、東にはカモテス海が広がっており、カモテス諸島を挟んでレイテ島がある。レイテ島は言うまでもなく太平洋戦争後半で日米戦の天王山となった主戦場である。また、西にはタノン海峡をはさんでネグロス島があり、この島はフィリピン戦における陸軍航空隊の拠点になり、米軍の侵攻も受けた。さらにその北西にはパナイ島もある。パナイ島が日本軍と米軍、フィリピン・ゲリラの長期間の抗争の場となったのは前々節に記した通りである。他にもボホール島、シキホル島などが周囲にあり、南にはフィリピン南部最大の島で、やはり日米の激戦場となったミンダナオ島がある。

このように、セブ島は中部フィリピンの要衝であり、実際に海上交通の拠点でもあった。現在は全島と属島が行政区画としてのセブ州に属し、その中心は島の東海岸の中央に位置するセブ市にある。

フィリピン・ヴィサヤ諸島とセブ島

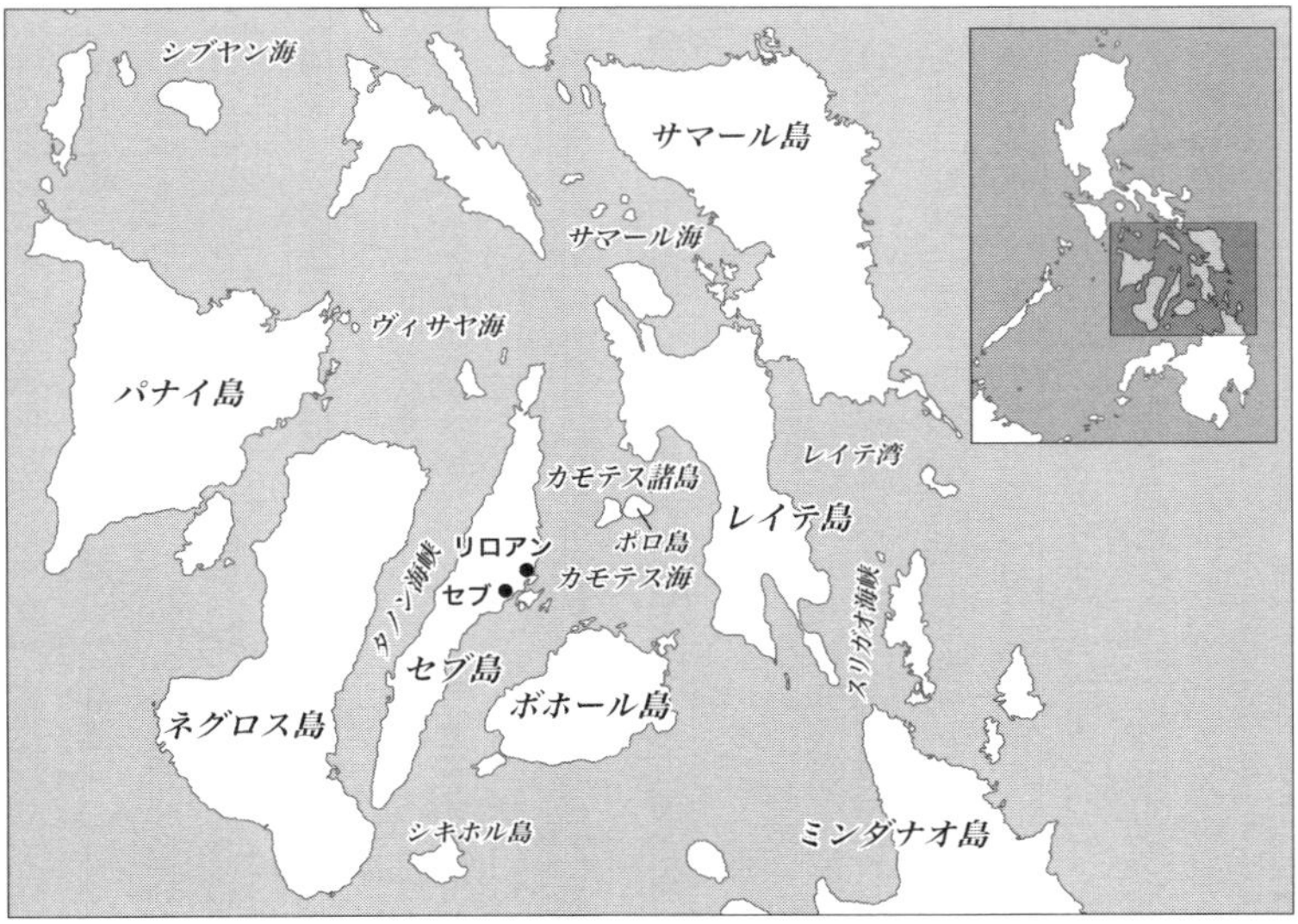

ヴィサヤ諸島は北のルソン島、南のミンダナオ島の間に位置する島々で、太平洋戦争の激戦地となったレイテ島等を含んでいる。セブ島はネグロス島とボホール島に挟まれるような場所にあり、ヴィサヤ諸島のほぼ中央にあって重要な海上交通の拠点となっていた。

セブは風光明媚《めいび》な場所が多く、天候も安定しているため、古くから観光名所として親しまれた。移民も多く、戦前にセブに移住した日本人移民がコミュニティを形成していた。現代でも多数の日本人がセブで暮らしている。ただ、島のほとんどは森林や丘陵、山岳で覆われており、人が住める場所は海岸際のごくわずかな平地の部分しかない。

セブ島には太平洋戦争開戦後の1942年（昭和17年）4月10日、日本軍が上陸、全域が日本軍の占領下となった。セブ島には米第81師団の2個連隊（第82、第83連隊）を主力とした兵力が展開していたが、激しい抵抗を行わないまま1カ月後の5月13日に降伏し、将兵の大部分は武器や弾薬、食料を山中に隠蔽し、そのまま山に籠もってゲリラになるか、あるいは勝手に復員した。

日本軍はセブ島の基地化を早急に進めた。前述の通り、中部フィリピンの結節点となるセブは、各地への兵力展開の根拠地として有用だった。特にセブ市北部のリロアンは陸軍の船舶兵部隊の拠点として活用された。

戦時中のセブ・ゲリラの戦争中盤までの動向については、佐藤喜徳編『集録「ルソン」』（比島文庫）に掲載された、元船舶工兵第一野戦補充隊の柳井之武夫氏が分かりやすくまとめているため、以下、その記述に基づいて紹介する。

「復員しても仕事がない。どこも失業者で溢れている。昭和17年の夏には早くも各地にゲリラ隊が発生して、隠しておいた品物を集めだした。集合した連中には軍人のほか、民間人もいたし、VG（ヴォランタリ・ガード）なる裸足で蛮刀を腰にした者もいた。軍人の階級を与えたが、制服はなく、ボロをまとった集団だ。無頼の徒と思われないように、『山の兵隊』（ソルジャーズ・オブ・ザ・マウンテン）と称することとし、組織化と豪州のマッカーサー司令部による認知を悲願とした」

リロアンでは1942年8月に、オスカー・フィグラシオン中尉以下15名のゲリラ隊が組織され、レイテのオルモック湾口を押さえるカモテス諸島のポロ、ツデラ、サンフランシスコの3カ所にその分遣隊を置いた。

1942年11月に各地のゲリラは、セブ地域ゲリラ司令部の指揮下に入った。セブ島で鉱山技師の職に就いていたが、開戦と同時に米軍に参加したジェームズ・M・クッシング中佐と、セブ放送局のアナウンサーのハリー・フェントン中佐の二人がゲリラ部隊の指揮官となり、二頭政治でセブ島の各部隊を指揮することとなった。

1943年（昭和18年）以降、セブ島のゲリラ部隊は米本国との連絡に成功し、各地で日本軍に対する襲撃を実施した。一方、日本軍もこれに応じて兵力を増強し、幾度も掃討作戦を実施した。

セブ島でのゲリラの活動は、全般的に低調だったようだ。日本軍の拠点がセブ島東岸のセブ周辺に集中しており、防御に適していたことが原因と思われる。また、セブ島には1943年の後半から、船舶砲兵第一野戦補充隊や第三十五軍隷下の各支援部隊、第百二師団隷下の独立歩兵第百七十三大隊、海軍部隊である第三十三特別根拠地隊や各種基地部隊が展開しており、その兵力の大きさからゲリラの活動は容易ではなかった。ゲリラは各地で掃討され、物資の困窮を来たし、内紛が相次いだ。

セブのゲリラたちの多くはセブの地元住民の若い男性たちで、基本的には山岳地帯で生活していたものの、ふらりと地元のセブ市等に戻ってきたりもした。日本陸海軍の将兵たちもセブ市の住民と交流しており、その事実を知りながらも深く追及しなかった。セブのゲリラたちと日本軍は、セブの地元住民をクッションとして共存していた。

このため、ゲリラ側も日本軍の情勢を掴みやすかったと思われるが、一方でゲリラ側でも日本人への協力の疑いがかけられるようになり、食料や物資の不足もあって内紛や粛清が相次いだ。この結果、指揮官の一人だったハリー・フェントン自身も1943年9月1日に銃殺刑になったという。このためゲリラ部隊の統率は乱れ、1944年(昭和19年)初めには日本軍の掃討により、山岳地帯に分散することになった。

フィリピンでは珍しく、このセブでは、日本軍とゲリラの抗争は日本軍優勢で推移していたのだった。

1944年1月にゲリラ討伐専門の部隊として期待されていた第百二師団隷下の独立歩兵第百七十三大隊が到着すると、さらにその傾向が強まった。大隊は大西精一中佐率いる約1000人で編成されており、広大な中国大陸で延々と掃討戦を繰り広げてきた歴戦の部隊だった。大隊はセブ憲兵隊等の協力を得てゲリラの情報を入手し、春までに南部地域の掃討を実施、ゲリラ部隊の主力を捕捉するには至らなかったが、かなりの戦果を挙げた。

海軍乙事件とセブ・ゲリラの凱歌

4月、南部掃討を終えた大隊に新たな命令が下った。情報収集により、ゲリラ側に大規模な増援が投入され、潜水艦による武器補給もあって、ゲリラ側2万人、4個連隊が組織されるという話が伝わったのだ。実際には翌年の米軍上陸時までセブのゲリラの数は8500人程度であり、この情報は過大であったが、部分的には正しかったようだ。また、この再編成中、ゲリラの司令部は、セブ市西方のマンガホン山のふもとの高地に展開しているという。

ゲリラの司令部が置かれるということは、そこに指揮官であるジェームズ・クッシング中佐がいるに違いない。

日本軍はゲリラの再編が行われる前にクッシング中佐率いる司令部を襲撃することにした。大隊はゲリラの微弱な抵抗を排除しながらマンガホン山の包囲に成功。このまま状況が進めば、大隊はクッシング中佐以下の司令部を覆滅することができる。

だが、そうはならなかった。総攻撃を実施する直前、大隊に驚くべき知らせがもたらされた。なんと、ゲリラ部隊の元には、航空機の事故で遭難し、ゲリラの捕虜となった海軍の高官たちがいるという情報が、ゲリラから一時的に伝令として解放された海軍士官から伝えられたのだった。その海軍士官は、クッシング中佐が海軍高官たちを捕えているという事実を伝えるだけでなく、セブの住民を日本軍が抑圧しており、これを一刻も早く止めてほしいという言葉を伝えていた。

状況は一刻を争うように思われた。このまま大隊が総攻撃を実施すれば、ゲリラ部隊は予定通り撃滅できるだろう。しかし、それを行えば、捕虜となった海軍の高官たちはゲリラたちによって殺害されてしまう。それは日本海軍にとって大きなダメージになるし、今後の陸海軍の円滑な協力にも支障を来たすだろう。だが、このまま何もしなければ、ゲリラは捕虜たちとともにどこかに消えてしまう。作戦は失敗に終わり、捕虜の奪還もできない。

捕虜の奪還を行うためには、どうしてもゲリラとの交渉が必要だし、それを行うには何かしらの報酬をゲリラに渡さなければならない。恐らく包囲網を解けば、敵はこれに応じ、海軍高官の引き渡しはなされるだろう。しかし、やはり作戦は不成功に終わる。

大隊長の大西中佐は、熟慮の末、独自の判断でゲリラ側と交渉し、包囲網を解くことを条件に捕虜たちの救出を図ることとした。

ゲリラ側も自らの進退が窮まっていることを認識していたのか、この大西中佐の交渉に乗ってきた。最終的に交渉はうまくいき、大隊は包囲を解いて撤退することを条件に、日本海軍の高官たちを救出することに成功した。

ここで救出された高官たちは、驚くべき海軍の大物たちだった。彼らは3月31日、連合艦隊司令長官・古賀峯一大将らが乗り込んだ二式大艇が行方不明となった事件、いわゆる「海軍乙事件」の生存者であり、その中には連合艦隊参謀長の福留繁中将以下の司令部要員複数が含まれていた。さらに言えば、福留中将のかばんには、連合艦隊の作戦計画書類や信号書、暗号書といった最高機密文書が含まれており、言うまでもなくゲリラたちはこれを入手していた。

柳井之武夫氏の記録によると、クッシング中佐たちも自分たちが捕虜にした日本海軍の士官たちが、日本海軍の司令官クラスであることを察し、一刻も早く人員や書類をオースト

大西精一中佐の率いる独立歩兵第百七十三大隊は、セブ島ゲリラを包囲して掃討戦を実施する予定だったが、ゲリラには「海軍乙事件」で遭難した海軍高官が捕らえられており、交渉の末、捕虜解放と引き替えに包囲を解くこととなった。イラストは捕虜解放の後、煙草や菓子等の嗜好品を交換し、一時の交流を図る日本陸軍兵とセブ島ゲリラ（の女体化）。

ラリアのマッカーサーに運ぶべく、潜水艦の到着を待っていた。しかし、その前に大西中佐の大隊が動き出してしまい、ゲリラ部隊は追い詰められてしまった。そこで仕方なく日本側との交渉に臨んだという。

この交渉で福留繁中将たちは無事に日本側の手に戻り、ゲリラ側も九死に一生を得た。なお、捕虜引き渡しが終わった際には、両者にほっとした空気が流れ、お互いに仲良く語り合い、嗜好《しこう》品を分け合うなどの和やかな雰囲気になったという。一方で、ゲリラ側が解放したのは人員のみで、機密文書はしっかりと手元に残し、後にセブ沖に浮上した潜水艦に引き渡している。こうして回収された資料は、最終的にアメリカ太平洋艦隊司令部に届き、米海軍が作戦を効率的に進める手助けとなったとも言われている。

戦争全体への影響はさておき、一時的にでも連合艦隊司令部の人員を確保し、機密文書を奪ったことは、セブ島のゲリラ部隊にとって大金星であり、大きな成果と言えた。

日米の戦禍を超えた友情

海軍乙事件でのセブ島のゲリラ部隊の行動は、本人たちをも救うことになった。この戦いで無事に人員を保護したクッ

1944年9月下旬、それまで劣勢だったセブ島ゲリラは、米潜水艦からもたらされた米軍装備を得て、翌1945年には日本軍をたびたび襲撃するようになった。同年3月の米軍上陸後は一転して日本軍側が追われる立場となり、セブ島の山岳地帯へ逃げ込んでいる。イラストはM1ガーランドやトンプソン・サブマシンガン、B.A.R.といった近代的な米軍装備により武装するセブ島のゲリラ兵たち(の女体化)。

シング中佐たちは、9月25日、アメリカ海軍の派遣した潜水艦「ノーチラス」がもたらした大量の補給物資によって息を吹き返し、近代的な装備も得た。1945年（昭和20年）になるとセブのゲリラたちは重装備を運用し、日本軍と互角以上の戦いを繰り広げている。3月26日、米軍がセブ島に上陸すると、攻守は完全に逆転。日本軍守備隊はセブ市を奪われて山岳地帯に脱出したが、その間にゲリラたちの襲撃を幾度となく受けた。終戦までにセブ島の日本軍は5550人が戦死し、生き残ったのは8500人だった。一方、米軍では410人が戦死、1700人が負傷した。

米軍は1945年3月18日のパナイ島、ネグロス島北西部への上陸（「ヴィクトリーI」作戦）に続き、3月26日以降、セブ島、ボホール島、ネグロス島南東部への上陸（「ヴィクトリーII」作戦）を実施した。写真はセブ島への上陸翌日に当たる3月27日、M7プリースト自走砲とともにセブ市に入城する米陸軍部隊。住民に歓迎されている様子が見て取れる

戦後、独立歩兵第百七十三大隊指揮官の大西中佐は米軍の捕虜となり、セブ住民の虐待の疑いをかけられてマニラのモンテンルパ捕虜収容所に送られた。ここでは多数の日本軍将兵が戦争犯罪の責任者として追及され、一部は絞首刑となったが、大西中佐については、あの福留繁中将らの解放の件で交渉したクッシング中佐が取り調べに協力し、包囲を解いたことへの感謝の言葉を述べている。また、大西中佐たちがセブ島の住民を厚遇していたことも証言として供された。これにより大西中佐は無事に釈放された。

フィリピン・ゲリラ⑤

〝レイテ島・ルソン島のゲリラたち〟

米軍のレイテ侵攻とフィリピン・ゲリラ

1944年（昭和19年）10月半ば、米軍は中部フィリピンのヴィサヤ諸島・東ヴィサヤ地域に属するレイテ島に上陸を開始した。米軍によるフィリピン奪還作戦の開始である。

米軍がレイテ島に上陸した段階で、フィリピンのゲリラ部隊の多くはマッカーサー率いる米軍の指揮下にあった。1942年（昭和17年）末まで、フィリピンのゲリラ部隊は全般的に言って、数こそ多いものの統制が取れておらず、日本軍に各地で圧倒されていたが、1943年（昭和18年）以降は当時オーストラリアにいたマッカーサーとの連絡に成功、マッカーサーは来たるべきフィリピン奪還作戦でこれらのゲリラを活用するべく、各勢力をまとめて指揮系統の確立を進めたほか、潜水艦を派遣してゲリラに武器や弾薬を提供し、戦力の向上を図った。

また、一方でマッカーサーは、ゲリラの活動によって米軍の反攻開始までに日本軍の防備が強化されたり、ゲリラの兵

太平洋戦争期のフィリピン要図

1944年10月20日、米軍はフィリピン・レイテ島に上陸し、フィリピンにおける地上戦が開始された。レイテ島における地上戦は同年12月までにほぼ決着し、12月15日にはミンドロ島、1945年1月9日にはルソン島への上陸が開始されている。ルソン島において日本陸軍の第十四方面軍は持久戦を図り、終戦に至るまで抗戦を継続した。

力が消耗したりすることは避けたいと考え、ゲリラたちに日本軍への攻撃を積極的に行わないことを望んだ。この米軍の方針に従わないことを決めたゲリラ部隊も多く、前々節に紹介したフクバラハップ（フク団）やモロ族ゲリラは独自の判断で日本軍と戦っている。

マッカーサーはフィリピン全土を10個の軍管区に区切り、それぞれにゲリラ部隊の指揮官を決め、軍管区ごとに統率を行わせた。例えば、米軍が最初に上陸したレイテ島は、隣のサマール島とともに第9軍管区に指定されていた。

レイテ島のゲリラ部隊は、ルペルト・カングリオン大佐に率いられていた。カングリオン大佐は元々、米比軍第81師団第81歩兵連隊の指揮官で、戦争初期に日本軍の捕虜になったものの脱走、現地でゲリラ部隊を組織した。開戦当初、レイテ島のゲリラ部隊は日本軍の警備能力の手薄さから雨後の筍《たけのこ》のように多数が誕生し、フィリピン人同士の政治的な対立に便乗する形で抗争を行っていたが、いくつかの衝突の末にその多くがカングリオンの下にまとまることとなった。その数は約1500人と言われている。

1944年10月の米軍上陸の前から、カングリオンのゲリラ部隊はレイテ島の日本軍守備隊（第十六師団主力）に攻撃を行い、陣地や飛行場の造成、物資の運搬などを妨害した。米軍上陸後は米軍と密に連絡を取り、地の利を活かして米軍の先導、日本軍の監視や移動の妨害、一般市民の退避の指導など積極的な支援を行った。日本軍がレイテ島中央部での戦いに敗れ、12月以降に西部のカンギポット山（現地の呼称はブガブガ山）一帯に撤退すると、別の戦地に向かう米軍の後釜となり、日本軍の包囲・掃討を担当した。

レイテ島の日本軍将兵たちは補給の途絶によって12月末までに飢餓状態に陥り、終戦までにほぼ全滅する。その間、レイテ島の主要な街のほとんどは戦場となり、日本軍将兵は命を繋ぐために地元住民の食料を略奪した。このため、ゲリラの多くは日本軍への怒りを高ぶらせており、米軍に降伏したのであれば命を繋げたはずの多くの将兵がゲリラに殺害された。

レイテ島の日本兵たちの多くは飢えで体力を失い、武器・弾薬さえも不足している状態だったため、軽装備のゲリラでも容易に相手にすることができた。ゲリラの襲撃は地上だけにとどまらず、例えば、レイテ戦後半の第九次多号作戦でレイテ島西岸のパロンポンに上陸を目指した高階支隊（歩兵第五連隊主力）の記録では、パロンポンの目前で乗っていた輸送船が撃沈されて遭難した際、海に浮かんでいた兵士たちを小舟に乗ったゲリラが銃撃し、多数の死者が出たという話もある。

陰惨な戦闘は他の戦地にも波及した。レイテ島の近くの力モテス諸島には、レイテ沖海戦後、付近で沈められた多数の船舶の遭難者たちが流れ着いたが、その多くがゲリラによって殺害された。日本軍は再発防止のため、セブ島からカモテス諸島に若干の船舶工兵部隊を送ってゲリラの掃討を行ったが、結果として、一般市民約３００人が日本側によって虐殺され、後に日本軍による戦争犯罪とされた。また、レイテ輸送に向かう海軍艦艇の乗組員たちは、艦が沈んだ後に陸上に上がってもそこでゲリラに襲われることを前提としなければならなくなり、各人が自衛用の小銃や包丁をビニール袋に包んで持ったまま航海に臨んだという。

カモテス諸島には、本格的なゲリラ掃討の部隊としてカモテス支隊（１２００人）が送られる予定だったが、この部隊は前述の第九次多号作戦でレイテ戦に転用された。カモテス支隊は明治末期～大正初め生まれの高齢の応召兵が多く、それゆえに戦場での損耗率も高かったようで、昭和末期に戦史研究者が調査を行った際、生存者はわずか数名しか確認できなかった。

ルソン島でのフィリピン・ゲリラの戦い

１９４５年（昭和20年）１月９日、米軍はルソン島のリンガエン湾に上陸を開始した。これに対抗する日本軍は、フィリピン防衛を担う日本陸軍の第十四方面軍主力だった。第十四方面軍はレイテ島で精鋭部隊を消耗した結果、ルソン島での決戦を放棄し、地上部隊を山岳地帯に立て籠もらせて米軍の行動を遅滞させると同時に、将来的に日本本土に投入される兵力を一日でも長くルソン島に引き付けておくことを目標とした。

第十四方面軍はこの目的を達成するために、ルソン島北部の山岳地帯に尚武集団、マニラを含む南部に振武集団、クラーク飛行場群やピナツボ山周辺を含むマニラ北東地区に建武集団を配置した。

第十四方面軍の作戦方針は、同軍に残された戦力を考えると合理的だったが、一方でルソン島全土に荒廃をもたらした。山岳地帯で長期持久をするということは、そのための食料が必要となる。日本軍は作戦に備え、できるだけの食料を事前に確保しようとしたが、準備期間の短さやインフレにより思うように進まず、多くの部隊が食料不足のまま山岳地帯に逃れることになった。不足した食料は地元住民から奪うほかない。かくして、ルソン戦での日本軍もレイテ島と同じく、地元住民から食料を奪うことでその恨みを買うことになった。食料を巡り、日本人同士が殺し合うことさえあった。

また、フィリピン・ゲリラの多くは一般市民を装っていたために、日本軍は誰がゲリラで誰が無辜《むこ》の民か分からない状態での対応を強いられた。このため、市民の虐殺がいくつも引き起こされ、日本兵もまたゲリラたちに虐殺された。

マッカーサーの定めたゲリラ部隊の区分によると、ルソン島は第1から第6軍管区に当たった。第1が北部ルソン、第2が中部ルソン、第3が西部ルソン、第4がマニラ南方、第6が東部～南部ルソンを担当する。

ルソン島で最大の戦力を誇ったのは、北部ルソン米比軍(USAFIP-NL)(※)だった。北部ルソン米比軍は開戦前のフィリピン陸軍出身の約8000人の人員で構成されていた。指揮官はラッセル・W・フォルクスマン大佐。フィリピン陸軍第11歩兵師団第11歩兵連隊の司令部幕僚で、バターン半島の防衛戦に参加後、日本軍への投降を良しとせず、仲間たちとともに北部ルソンに逃れ、1942年末から同地で日本軍に対するゲリラ戦を開始した。1943年末までにフォルクスマンは北部ルソンの広範囲に散らばる各ゲリラ部隊の指揮権を掌握、マッカーサーとの連絡にも成功し、米軍の指揮下で活動を行った。

マッカーサーの指示に従い、北部ルソン米比軍は米軍の上陸まで日本軍に大規模な攻撃を行わなかった。しかし、1945年1月に米軍がリンガエン湾に上陸すると一斉に行動を開始、日本軍の退路や交通網を遮断したり、孤立した部隊を襲撃したりするなど、積極的に米軍の侵攻を支援した。また、一部の戦域では日本軍の正規軍と正面から激突し、これを撃破している。

例えば、ルソン島の戦いで有数の激戦となったラウニオン州サン・フェルナンド(日本側は「北サンフェルナンド」と呼称)を巡る戦いでは、日本陸軍の林支隊と北部ルソン米比軍の第121連隊が激突、林支隊をサン・フェルナンドから駆逐し、以後の山岳地帯への侵攻を容易としている。

北部ルソン米比軍はルソン島北部の山岳地帯に住まう多数の少数民族もゲリラとして編入した(イゴロット族、ネグリト族など)。これらの人員は地の利を活かして様々な任務に関わり、米軍の進撃を支援した。

北部ルソン米比軍を率いたラッセル・ウィリアム・フォルクスマン大佐(1911年10月23日～1982年6月30日)。米比軍第11歩兵師団第11歩兵連隊の副官として日本軍と戦い、バターン半島陥落後も降伏を拒否、北部ルソン島でゲリラ部隊を指揮した

(※)…United States Army Forces in the Philippines-Northern Luzon

マニラ周辺の戦い
ハンターズROTCゲリラと収容所解放作戦

北部ルソンでは北部ルソン米比軍がゲリラ部隊の主力として活動したのに対し、中部・南部では同軍だけでなく、様々な出自のゲリラたちが米軍に協力した。

中部・南部で活動したゲリラ部隊の中で有名なものの一つに、ハンターズROTCゲリラがある。

ハンターズROTCは戦前にマニラの陸軍士官学校で教育を受けていた士官候補生たちで編成された、フィリピン陸軍の血統を色濃く受け継いだゲリラたちだった(ROTCは「Reserve Officers' Training Corps」=予備役士官訓練隊の略称)。創始者は士官候補生のテリー・アデヴォソ。彼は開戦後、士官候補生たちに命じられた故郷への帰還命令を拒否し、日本軍への抗戦を決意、多数の兵士たちをかき集めてゲリラ部隊を組織した。

ハンターズROTCはバターン半島で米軍が降伏した後、マニラ東方のシエラ・マードレ山脈に移動し、マニラ周辺での抵抗運動を開始した。

ハンターズROTCはその性質ゆえにマニラ周辺での地勢に詳しく、これを活用した作戦を行った。例えば、ゲリラたちは武器を入手するために、マニラの日本軍占領下のユニオン大学を襲撃し、そこに保管されていた小銃130挺を奪取した。また、米軍がレイテ島に上陸する4カ月前の1944年6月には、マニラ首都圏のモンテンルパにあるニュー・ビリビッド刑務所を襲撃、銃声を発することなく、投獄されていた30人のゲリラを救出、さらに大量の武器弾薬を奪取した。また、マニラ市街戦でも、米軍と協同して日本軍と戦った。

ハンターズROTCの最も大きな戦功は、ロスバニョス収容所の解放作戦とされる。

太平洋戦争中、日本軍占領下のラグナ州ロスバニョスに置かれたロスバニョス収容所は、米軍捕虜や民間人を強制的に収容する施設として利用されていた。ルソン島にはこのロスバニョス収容所のような収容施設が多数存在しており、1944年秋に米軍がレイテ島への侵攻を開始すると、日本軍がこれらの収容所の捕虜を虐殺するのではないかとの懸念がマッカーサーの司令部で生じた。実際、1944年12月には、パラワン島で米軍捕虜の虐殺事件が生じており、米軍としてはルソン島の捕虜収容所の解放は火急の要件だった。

日本軍に救出作戦を気取られた場合、先に虐殺が開始されてしまったり、収容者たちを移動させてしまったりする恐れがある。このため、作戦に先駆け、ハンターズROTCは他のゲリラ部隊とともに収容所およびその周辺の情報を隠密裏に調査した。ハンターズROTCは作戦開始の直前まで収容所の捕虜との接触を続け、米軍に最新の情報を送り続けた。
1945年2月23日、第11空挺師団を主力とした救出作戦が発動。ハンターズROTCなどの協力により米軍は奇襲に成功し、作戦は首尾よく進み、米軍はわずかな損害と引き換えに2000人以上の捕虜や市民を救出したとされる。

ルソン中部・南部にはこのハンターズROTC以外にも様々なゲリラ部隊が存在し、米軍の支援、特に前述のロバニョス捕虜収容所のような、現地人による協力が不可欠となる収容所の解放作戦や戦略上の重要拠点（水源地など）の確保に活躍した。

1942年に日本軍がフィリピンへ侵攻、マニラが占領されるに際し、マッカーサーはフィリピン陸軍士官学校の士官候補生たちに解散命令を出した。だが、士官候補生たちはこの命令に背き、日本軍に対する破壊工作や襲撃などサボタージュを行った。こうして結成されたのがハンターズROTCゲリラである。イラストは小銃を奪取すべく、マニラのユニオン大学を襲撃するハンターズROTCのゲリラたち（の女体化）。

総じて、ルソン島のゲリラ部隊は米軍と綿密に協力し、その進撃を容易とした。ゲリラの活動のため、ルソン島の日本軍は正面で米軍、後方や側面、背面でゲリラ部隊を相手取らなければいけないという状況に置かれ、そのために激しい損耗を強いられた。また、戦後、多数の日本人将兵が虐殺などの戦争犯罪の罪に問われ、マニラ軍事裁判などで処刑された。

ハンターズROTCはその出自から、戦闘能力に長けたゲリラ部隊だった。戦歴のハイライトは1945年2月23日、ロスバニョス捕虜収容所の解放作戦に協力したこと。米第11空挺師団との協同作戦により、2,000人余りの囚人を解放している。この解放された囚人の中には、シスター（修道女）たちもいたことが、当時の写真から見て取れる。イラストは収容所解放に尽力したハンターズROTC（の女体化）と、彼等に感謝するシスターたち。

マラヤ人民抗日軍

〝裏切りの戦場〟

三つの民族により構成される英領マラヤ

第二次大戦時、現在のマレーシアに該当するマレー半島一帯（シンガポール含む）は、イギリスの植民地として支配され、一般的には英領マラヤ（英領マレー）と呼ばれていた。

英領マラヤはスズやゴムなどの資源の産地で、イギリスは鉄道網や道路網を整備して有益な植民地として活用した。

英領マラヤの主要な民族は、マレー人、中国人、インド人の三つだった。それぞれ1936年の時点で全人口の44・6％、38・8％、16・6％を占めており、しかも、各民族が入り混じらない文化を形成していた。

このうち、中国人は中国に出身地や祖先のルーツを持つ、いわゆる華僑《かきょう》と呼ばれる人々で、自分たちをマレー人ではなく「マレー半島にすむ中国人」と認識、マレー人と一体化せず、独自の文化とコミュニティを保持していた。華僑たちはイギリスの統治機構からは権限のある地位から外されていたものの、政治的な独立性や経済力は高く、また、スズ鉱山やゴム園などでは主要な労働力となっていた。

英領マラヤは狭い地域に三つの民族が混濁しながら暮らしていた場所であり、それゆえに、「マラヤ」という大きなくくりでのナショナリズムは形成されにくい状況だった。イギリスは彼らを分断統治することで、植民地支配を安定させようとしていた。

太平洋戦争開戦時の英領マラヤ

1824年にイギリスとオランダ（ネーデルラント連合王国）の間で締結された英蘭協約により、マラッカ海峡を境にマレー半島はイギリスが、スマトラ島はオランダが領有することが定められた。その後、ボルネオ島（カリマンタン島）北部もイギリスの保護国となり、現在のマレーシアにほぼ相当するイギリス領マラヤが成立することとなった。

マラヤ人民抗日軍の結成

こうしたイギリスの植民地支配の下、その打倒のために非合法組織として活動を行っていたのがマラヤ共産党だった。

マラヤ共産党の源流は1928年に結成された南洋共産党である。南洋共産党は上海コミンテルンを本拠とし、マレー半島やシンガポール、蘭印（オランダ領東インド／現在のインドネシア）で活動していた、華僑中心の共産主義者の組織だった。南洋共産党は中国共産党の影響下にもあり、労働者たちに共産主義を啓蒙し、東南アジアで労働争議を起こさせていた。しかし、同年に労働者たちが警察官と衝突したため解散を命じられ、多数の共産主義者が逮捕された。そこで南洋共産党はマラヤ共産党に改名し、中国共産党の指示を受けない、独立した組織として生まれ変わった。

1930年代になると、日本の満洲侵攻と日中戦争の勃発によって英領マラヤの華僑たちの間に反日感情が強まった。これに伴い、華僑たちを中心とするマラヤ共産党でも反日活動が盛んになっていく。マラヤ共産党にとっては植民地支配を続けるイギリスは引き続いての敵ではあったが、日本の英領マラヤ侵攻の可能性の方がより重大な脅威だと判断していた。このため、マラヤ共産党はイギリスとの協力関係を模索したが、これはイギリス側から拒否された。

1941年12月8日、日本は米英蘭に宣戦を布告、太平洋戦争が始まった。日本軍は東南アジア攻略の一環としてマレー半島に侵攻を開始した。日本軍はマレー半島で電撃戦を展開、瞬く間にシンガポールに迫った。

12月18日、イギリスはようやくマラヤ共産党との共闘に合意した。イギリスはマレー半島に日本軍への抵抗勢力を形成するため、マラヤ共産党の人員を訓練し、その後に前線や後方に送り込むことを受け入れた。

イギリスは手始めにマラヤ共産党が提供した人員に短期間の戦闘教育を行い、マレー半島に送り込んで日本軍に対する破壊工作を行うこととした。しかし、勢いに乗ってマレー半島を南下する日本軍に対しては多勢に無勢で、作戦開始から数カ月で多数の人員が死亡した。

なお、シンガポールではこの時期、シンガポールの華僑たちがイギリス軍の支援を受けてシンガポール華僑抗日義勇軍（星華義勇軍、あるいはダル戦闘隊）を編成、日本軍との戦闘に投入している。

シンガポール華僑抗日義勇軍は5個中隊を主力とし、シンガポール島の各地に展開、同島上陸後の日本軍と激戦を繰り広げ、最終的に日本軍に降伏した。損害は300人と推測され、このうち半数が降伏後に日本軍に虐殺された犠牲者である。また、義勇軍の奮戦そのものも、戦中の日本軍による華僑への虐殺行為の理由とされた。なお、シンガポール華僑抗日義勇軍のごく少数の生き残りがマレー半島への脱出に成功している。

1942年春までにマレー半島とシンガポールの全域が日本の占領下となり、イギリス軍も東南アジアから撤退を余儀なくされた。このため、マラヤ共産党とイギリスの共闘も事実上停止した。

しかし、緒戦の敗走から生き残ったゲリラたちは、マレー半島の各地でマラヤ共産党と再び合流、同党の武力組織であるマラヤ人民抗日軍に発展していった。共産党はマラヤ人民抗日軍を伴ってジャングルなどの日本軍の手の及ばない地域に逃れ、同軍の運用による日本軍に対する武力闘争の継続を目指した。

日本軍がマレー半島の市民、特に華僑を弾圧したため、マラヤ人民抗日軍は急速に拡大。1942年末までにマレー半島の各地に8個独立大隊を擁する組織となった。1個大隊は数百人で、将校団は共産党員だったものの、他の人員の多くは地元の労働者だった。

日本陸軍憲兵隊 VS.マラヤ人民抗日軍

日本軍のマレー半島占領と民衆弾圧によって急速に拡大したマラヤ人民抗日軍だったが、日本のマレー支配に対抗できる戦力となるにはまだまだ力不足だった。

何といっても、指揮官である共産党の将校たちは基本的に戦争の素人であり、開戦劈頭《へきとう》にイギリス軍から教育を受けた者たちも、その期間が短すぎて本格的なゲリラ戦への適応は困難だった。

しかも、マラヤ人民抗日軍の参加人員の大多数は日本軍の侵攻まで暴力とは無縁の暮らしをしていた一般市民。緒戦の損害も相まって、有効な武力闘争をできる状況ではなかった。また、ゲリラ戦には敵から身を隠したり食料を確保したりするために地元住民の協力が不可欠となるが、マラヤ共産党もマラヤ人民抗日軍も華僑が主体の組織であり、マレー人やインド人など、他の主要な民族の協力は得にくかった。

加えて、日本軍の取り締まりを避けるために拠点をジャングルなどの僻地とした結果、武器・食料・弾薬・医療品などの不足に苦しむことになり、兵士たちの士気は低下した。このため、マラヤ人民抗日軍は日本軍への攻撃より、まずは生存のための守勢に回らざるを得なかった。

日本軍支配下のマレー半島において、マラヤ共産党およびマラヤ人民抗日軍と対決したのが、日本陸軍第二十五軍の特別警察隊だった。同隊の指揮官は憲兵学校出身の大西覚中尉である。

第二十五軍は開戦当初のマレー侵攻とその支配を担った軍

であり、特別警察隊は同軍に付き従っていた憲兵部隊である第二野戦憲兵隊が、マレー半島における共産党やゲリラの対策に専念する防諜部隊として組織したものだった。

特別警察隊はマラヤ共産党やマラヤ人民抗日軍の摘発に当たり、その行方をマレー人の警察官や旧イギリス側の密偵を使って探し求めた。特別警察隊はこうして見つけ出した敵を処断、あるいは懐柔して自らの味方のスパイとし、また、諜報活動で居場所を突き止めたゲリラ部隊を陸軍部隊と協同で叩いた。

特別警察隊の一番の白星は、マラヤ共産党員でマラヤ人民

マラヤ人民抗日軍はマレー半島在住の華僑（在外中国人）から組織されたゲリラ部隊で、日本軍の軍政下で抵抗運動を実施した。イラストは町の中華料理店にて、日本陸軍憲兵を点心でもてなしつつ、隙をうかがって鞄から重要書類を抜き出している場面。中華料理店だけにチーパオ（旗袍＝チャイナドレス）を身に着けている。

抗日軍の指揮官だったライ・テク（莱特）の逮捕と、彼を利用したバトゥアラン作戦だった。

１９４２年3月、ライ・テクを捕縛した日本側の特別警察隊はライ・テクを懐柔、自らのスパイとなるよう提案した。元からイギリスと連絡を取り合って逆スパイ（二重スパイ）を行っていたライ・テクはこれを承諾。以後はマラヤ人民抗日軍の指揮官でありながら、その情報を日本軍に送り続ける裏切り者……二重、いや三重スパイとなった。

１９４２年8月、ライ・テクは日本側にクアラルンプールの北13㎞にあるバトゥアランの近郊でマラヤ共産党およびマラヤ人民抗日軍の幹部たちが集う会合があることを伝えた。日本側はこの情報を利用して会合の現場を急襲、参加メンバーのほとんどを捕縛あるいは射殺し、マラヤ人民抗日軍を一撃で壊滅寸前に追い込んだ。また、同年10月にはマレー半島に駐留していた第五師団による一斉討伐作戦にも協力し、７００人以上を捕らえる成果を挙げた。ライ・テクが日本軍のスパイであることは、マラヤ共産党の内部で終戦まで明らかにならなかった。

この結果、マレーにおける日本の軍政は安定し、治安が保たれた。マラヤ人民抗日軍は当分の間、活動を低調とせざるをえなかった。

マラヤ人民抗日軍の再建とイギリス軍との協同作戦

１９４３年になると、マラヤ人民抗日軍の再編が進み、戦力が回復した。また、これまでの反省により、地元住民の慰撫に気を配ったおかげで、その支援も受けられるようになりつつあった。

5月、イギリスの第１３６部隊がマラヤ共産党と接触した。第１３６部隊はイギリスの諜報組織である特殊作戦執行部（ＳＯＥ）の極東部隊で、敵占領地における抵抗運動の支援、また、敵後方地域での破壊工作を主任務としていた。活動地域はマレー半島にとどまらず、ビルマや中国、蘭印、仏印（フランス領インドシナ／現在のベトナム、ラオス、カンボジア）など、アジア全域に及んでいた。

第１３６部隊によるマレーへの進出は「グスタフ」作戦と呼ばれた。作戦用の人員は、主にイギリスとコネクションのあった国民党系中国人で充足された。最初の潜水艦による潜入作戦は成功し、以後、第１３６部隊はいくつもの「グスタフ」部隊をマレー半島に送り込んでいった。

１９４４年1月、「グスタフ」作戦部隊の第一陣の指揮官ジョン・デイビス大佐とマラヤ共産党の幹部が会談し、両者の協同作戦が正式に取り決められた。また、戦後の問題については討議しないことも約束された。

一方で、日本陸軍の特別警察隊も諜報活動でイギリス軍の潜入開始を突き止め、他の陸軍部隊と協同して掃討作戦を実施した。そのいくつかは成功し、マラヤ人民抗日軍に大打撃を与えることもあった。しかし、イギリス軍の指導によりマラヤ人民抗日軍は日に日に強大となり、戦争終盤ではマレー各地で警察署が襲撃される事件が相次いだ。ただ、それでもマラヤ人民抗日軍の戦力は終戦時でも3000～4000人程度で、日本軍のマレー支配を揺るがすほどの戦力にはならなかったとされる。

共闘するマラヤ人民抗日軍（イラスト左）とイギリス軍の第136部隊の兵士（の女体化）。共に日本軍に抵抗したものの、マラヤ人民抗日軍の数が少ないこともあって、太平洋戦争中、日本軍の支配を揺るがすことはできなかった。なお、マラヤ人民抗日軍兵士の帽章は、中国人、マレー人、インド人を示す三つの星であり、同軍は「三つ星軍」とも呼ばれた。終戦後のイギリス軍再進駐の後、マラヤ共産党は武装組織によるゲリラ戦を含む反英闘争を継続することから、両軍兵士は握手しつつも、何やら不穏な空気が漂っている。

1945年の8月15日、日本は連合国に降伏。9月半ばまでにイギリス軍がマレー半島の支配権を再び握った。しかしこの間、マレー半島は同地での日本軍以外での最大勢力であるマラヤ共産党とマラヤ人民抗日軍の支配下となり、彼らは日本軍に協力したマレー人などへの報復を繰り広げた（特に警察官が標的になった）。

イギリス軍がマレー半島に上陸すると、マラヤ人民抗日軍はイギリス軍の指揮下に入り、12月1日に正式に解散、イギリス軍の命令を受けて武装解除を行った。

だが、マラヤ人民抗日軍が太平洋戦争で培ったゲリラ戦のノウハウや人脈は様々な形で残り、それが戦後のマラヤ共産党とイギリスの武力衝突となる「マラヤ危機（1948年6月16日〜1960年7月12日）」の呼び水となっていく。

終戦後のイギリス軍再進駐に伴い、マラヤ人民抗日軍は英軍指揮下に置かれ、武装解除された。写真は第4ゲリラ連隊の解散式の模様で、J・J・マッカリー准将（右から二番目の人物）が閲兵を行っている

東ヨーロッパのユダヤ人パルチザン

〝我々は屠殺場の羊ではなく〟

ホロコースト――ナチスドイツのユダヤ人迫害

ホロコーストとは、第二次大戦中、国家社会主義ドイツ労働者党(ナチス)率いるナチス・ドイツが、ユダヤ人などに行った大量殺戮を意味する。戦前、ヨーロッパには約900万人のユダヤ人がいたが、これにより3分の2に当たる600万人以上のユダヤ人が殺された。

ナチス・ドイツは大戦が勃発するまで、ドイツ国内のユダヤ人(約50万人)の国外への追放をユダヤ人政策の根幹としていた。しかし、大戦が勃発し、ポーランドやフランスなどの大国がドイツの領域に組み込まれると、300万人近いユダヤ人がドイツの懐に転がり込むことになった。ドイツはユダヤ人を隔離するため、各地にゲットー(ユダヤ人居住地区)を設置し、占領地から駆り集めたユダヤ人をそこに移住させた。しかし、あまりに膨大なユダヤ人の増加により国外追放は困難となり、問題の解決手段はソ連との戦争で獲得される予定の東方(ロシア)占領地への輸送策、そして移送先での強制労働の末の絶滅策へと発展した。

独ソ戦の勃発はユダヤ人問題をさらに先鋭化させた。ドイツ軍のソ連領内への急進撃により、さらに多数のユダヤ人がドイツの領域に含まれることになったからだ。戦前の時点で500万人のユダヤ人がソ連領内におり、うち250万人がドイツの占領地に残されたと言われている。

このため、ロシアの各地にもゲットーが設立され、並行して特別行動隊や地元住民の手を借りて、ソ連領内のユダヤ人の無秩序な大量虐殺も進められた。これによる1941年末までの犠牲者数は100万人に及ぶという。

最終的にナチス・ドイツはユダヤ人問題解決のためにユダヤ人の完全な絶滅を掲げ、各地でユダヤ人ゲットーの廃止と強制(絶滅)収容所への輸送、さらに各地のユダヤ人コミュニティの破壊、逃亡したユダヤ人の狩り立てが進められた。

森林の抵抗者たち　ユダヤ人パルチザン

大戦中、ヨーロッパ全土は巨大なユダヤ人殺戮場となったが、ドイツ人のユダヤ人狩り立ての強度については時間差や地域差があり、このため、多数のユダヤ人がドイツへの服従を拒み、僻地に逃れ、パルチザンとして抵抗運動を行うことができた。特に当時ソ連領だったベラルーシ周辺は国土の4割以上が森林地帯や湿地帯で、ユダヤ人たちはそこを逃亡先とした。

例えば後述するビエルスキ・パルチザンのユダヤ人たちが拠点としたナリボッカ(ナリボキ)森林は、ベラルーシの首都ミンスクの約40㎞西方の、面積9万6000ヘクタールにも及ぶベラルーシ最大規模の森林で、その大きさは東京ドーム2万個分に匹敵し、香川県の半分の広さとほぼ同一となる。広大な森林はそれだけで人間の行く手を阻むため、ドイツ軍は森林に逃げ込んだユダヤ人たちを深追いせず、このために森林はユダヤ人らにとっての聖域として機能したのだった。また、こうした森林には独ソ戦の序盤にドイツ軍に粉砕されたソ連軍の敗残兵の多くが逃げ込んでおり、彼らが後にソ連軍によって組織化された赤軍パルチザンとなるきっかけとなった。

ヨーロッパ全体でパルチザンとして戦ったユダヤ人は2～3万人とされ、このうち6000～8000人がソ連領内で戦ったと言われている。ポーランド出身のユダヤ人を含めれば、その数は1万人以上となっただろう。

彼らの多くはソ連の各都市でもひときわ多くのユダヤ人が住んでいたミンスク周辺のいくつもの森林に展開していた。ミンスクには2万人以上のユダヤ人を収容したミンスク・ゲットーが存在したが、内部にはミハイル・ゲベレフ率いる

ポーランドのピンスク(現ベラルーシ)近郊の森林地帯におけるユダヤ人パルチザン。女性や子供もソ連製の小銃や短機関銃を手に取っている

モシン・ナガン カービンM1938を首に掛けたユダヤ人パルチザンの女性兵士。腰にはドイツのM39卵型手榴弾を2発装備している

地下の抵抗組織があり、数千のユダヤ人をゲットーから脱出させていた。彼は１９４２年にドイツ側に逮捕されて処刑されたが、戦後にその功績によりソ連から祖国戦争勲章を追贈されている。また、この段階でベラルーシでは複数のゲットーでユダヤ人による反乱が発生、そのたびに多数のユダヤ人が逃亡して森に入った。

森林に入ったユダヤ人たちがパルチザンに受け入れられるか否かには、運の要素が付きまとった。

パルチザンの多くは赤軍パルチザンだったが、彼らも伝統的な反ユダヤ主義の影響を受け、多くの場合、ユダヤ人の参加を快く思わなかった。また、思想とは関係なく、武器や特殊技能を持たないユダヤ人たちは排斥の対象になりがちだった。パルチザンの目的はドイツ軍と戦うことであり、足手まといになる人間は不要と見なされることが多かった。このため、女性や子供、老人はパルチザンに毛嫌いされたり、逆に収奪の対象になったりした。

戦闘要員となり得るユダヤ人以外が排斥されたのはユダヤ人のみで編成されたパルチザン・グループでも同じだった。また、ベラルーシ西部には、同じように思想的・軍事的にユダヤ人の受け入れを望まなかったポーランド国内軍や、よりファシスト的でポーランドからの共産主義者やユダヤ人の排斥を理想とする国民武装団も森林に点在しており、特に後者に発見された場合は略奪や殺戮の対象になった。行き場所のないユダヤ人たちは仕方なく家族単位で森の中で暮らそうとしたり、ゲットーに戻ったりしたが、いずれも長くは生きられなかった。

また、運よくパルチザンに参加できたとしても、森林での生活は過酷だった。森林に住むということは食料供給の源を森林の外、つまりは農村に求めるということで、その実際は農村からの「徴発」……事実上の略奪・収奪だった。農村の食料はドイツ軍、赤軍パルチザン、そしてポーランドの各抵抗勢力も必要としていたため、各軍は農村の支配権を巡って対立し、時にはパルチザン同士で武力衝突を繰り広げることがあった。地元の人々も各勢力の報復を恐れ、ユダヤ人への協力を拒むことが多かったばかりでなく、一部はパルチザンの居場所をドイツ側に密告することもあった。

パルチザンに入ったとしても、ユダヤ人であるというだけで虐待されたり、過酷な任務を背負わされることもままあり、武器や職能の有無が身の安全に直結した。住居は丸太と枝でつくった粗末な隠れ家で、夏には酷暑と藪蚊《やぶか》が、冬には極寒が人々を襲った。パルチザン内の医師不足により病気や怪我で亡くなる者も多かった。

ユダヤ人パルチザンの戦い

ソ連の公式の統計によると、第二次大戦中にパルチザン闘争に参加した者は37万人。うち3万人はユダヤ人で、特にミンスク周辺にはゲットーから脱出したユダヤ人たちによって編成されたユダヤ人のみのパルチザン・グループが複数存在したと言われている。また、ポーランドやリトアニアでも、同じようにいくつかのユダヤ人パルチザン・グループが形成されている。

ただし、ユダヤ人パルチザンのリーダーの多くは、同胞を

石窯でパンを焼く、家屋の屋根をふくといった作業に従事するパルチザンのユダヤ人たち。ビエルスキ・パルチザンでは女性たちが作った食品等を他のパルチザンに売って利益を上げており、武器を持って戦う“以外”の方法でパルチザンに貢献していた。

守るためではなく復讐のための戦いを望んでおり、そのため、ゲットーのユダヤ人救援はおざなりで、また血気盛んであるがゆえにドイツ軍の反撃によって命を落とし、それがパルチザン・グループそのものの崩壊に繋がることもあった。

ユダヤ人パルチザン・グループの多くは赤軍パルチザンに属した。ロシア人がユダヤ人に持つ偏見は最後までなくならなかったが、1943年になると赤軍パルチザンにソ連軍から派遣された指揮官や政治将校が配属され、規律の取れた部隊となった。ユダヤ人たちを受け入れたり、ユダヤ人パルチザン・グループと協同する余裕が生じたからだった。また、ユダヤ人からすれば、明確にユダヤ人の参加を望まないポーランドの抵抗勢力よりも、赤軍パルチザンの方が頼りやすい相手だった。ソ連のユダヤ人には豊富な知識を有する上流階級出身の者が含まれ、それゆえに赤軍パルザンのユダヤ人たちの多くは建設や爆弾の仕掛けを専門とし、ベラルーシでの鉄道路線の破壊や要人の爆殺などで活躍した。女性でも戦闘に貢献できるものは重宝され、ユダヤ人パルチザンの約10%が女性だったと言われている。

こうしたユダヤ人パルチザン・グループの中で異色の存在が、ベラルーシのナリボッカ森林に主に展開していたビエルスキ・パルチザン・グループだった。このグループは西ベラルーシ出身のユダヤ人、ビエルスキ・トゥヴィアとその兄弟二人によって組織された家族キャンプで、兄妹がその地域の地理や習慣、住人に通じていたことが幸いして森林での生活に適合し、瞬く間に数百人規模の集団となった。

リーダーのトゥヴィアは他のユダヤ人リーダーたちと異なり、ナチスへの復讐よりもユダヤ人の生存と救援を優先させ、必要以上の戦いは行わず、どんなユダヤ人であろうとも(つまり、女子供や老人でも)自分たちのキャンプに引き入れた。ナリボッカ森林内には赤軍パルチザンやポーランド国内軍が存在し、当初は対立したが、トゥヴィアの誠意ある対応とビエルスキ・パルチザンが他のパルチザンに経済的・軍事的援助を果たしたことから協調関係となり、最終的に赤軍パルチザンに組み込まれた。

ドイツ軍もこのパルチザン・グループの存在を脅威と感じ、トゥヴィアに多額の懸賞金を掛けてその首を狙った。1943年夏には対パルチザン戦のエキスパートとして知られるクルト・フォン・ゴッドベルク親衛隊少将に率いられた戦闘団「フォン・ゴットベルク」を投入、「ヘルマン」作戦の名でナリボッカ森林周辺のパルチザンの掃討を実施した。

この攻勢でパルチザン・グループが損害を被る中、作戦直前に情報を手に入れたトゥヴィアたちはキャンプを放棄して湿地に避難することで事なきを得た。戦闘団「フォン・ゴットベルク」は「ヘルマン」作戦で4000人を殺害、2万人を

イラスト左はパルチザンに参加したユダヤ人女性、フェイ・シェルマン。ポーランドのピンスク近郊のレニンのゲットーにいたところ、同地をパルチザンが襲撃、森へ逃れて以後はパルチザンに参加した。フェイは看護婦としてパルチザンに貢献するとともに、持っていたカメラを用いてパルチザンの兵や生活ぶりを撮影、多くの写真を残している。イラストはパルチザン兵たちの記念撮影を行うフェイ・シェルマン。

労働者として強制連行したと言われ、周辺の村落は完全に壊滅したが、トゥヴィアたちは無人となった村落から食料や生活必需品を入手し、キャンプをさらに強化することにさえ成功している。

ただし、トゥヴィアたちも食料供給については基本的に農村からの徴発に頼らざるを得ず、地元住民には山賊まがいの存在として、好意的に見られていたわけではなかったようだ。ポーランドではトゥヴィアたちがナリボッカ周辺での赤軍パルチザンによるポーランド人虐殺に関わったのではないかと疑義が持ち上がっているが、複数の歴史家がこれを否定している。

最終的にビエルスキ・パルチザン・グループは1200人ほどの規模になり、わずかな犠牲だけでソ連軍による解放を迎えている。

また、ポーランド国内軍にユダヤ人パルチザンが存在しなかったわけではなく、例えばルブリン近郊の森林地帯には各地から脱出してきたユダヤ人が集結して十人単位~700人程度のパルチザン・グループや家族キャンプを形成していた。しかし、幾度もドイツ軍の掃討作戦の標的となり、壊滅したグループも多かった。

ゲットーでドイツ人への抵抗を望んでいたユダヤ人たちにとって、あくまでゲットーに残り、そこに収容された人々を守るために戦うか、彼らを見捨ててゲットーを脱出し、森林でパルチザンとして戦うかは難しい問題になった。しかし、いざというときにゲットー以外で戦えるという安心感は彼らにとって大きなプラスになった。

戦後のユダヤ人パルチザンの運命は様々だが、大戦中のトラウマから、少なからぬ数のパルチザンがイスラエルに渡ったようだ。彼らの一部は第二次大戦で養われた豊富な実戦経験を買われ、その後の中東紛争で再び戦争に参加したり、イスラエル軍の発展に貢献したりした。

ベラルーシ出身のユダヤ人で大戦中はパルチザンに参加し、戦後はイスラエルのホロコースト記念館の館長として活躍したイッハク・アラドは、次の言葉を残している。

「人々は知らなくてはならない。私達は静かに唯々《いい》諾々《だくだく》と死に向かったのではない。できる限り戦ったのだ。しばしば素手で、そしていつも他人の助けなしに」

ナリボッカ森林の仮設飛行場の守備に就く、ビエルスキ・パルチザンの兵士たち。三人の女性の姿が見える。1944年7月撮影

パレスチナのユダヤ人パルチザン

“シオニズムの旗の下に”

パレスチナのユダヤ人たち

第二次大戦時、地中海沿岸のシリア南部に位置するパレスチナ地域は、イギリスの委任統治下にあった。第一次大戦でオスマン帝国が連合軍に敗北した結果、パレスチナは1918年にイギリスの領土となり、実質的な植民地支配が行われていたのだ。

パレスチナには大きく分けて二つの民族が住んでいた。イスラム教を信奉するパレスチナのアラブ人と、ユダヤ教を信じるユダヤ人である。これは、パレスチナの中心都市であるエルサレムがイスラム教とユダヤ教にとっての聖地であり、また、かつての民族離散により世界各地に移住を余儀なくされたユダヤ人たちの故地であることが原因だった。このため、ユダヤ人たちの多くはパレスチナに戻り、もう一度ユダヤ人たちの国を建てることを夢見ていた(シオニズム思想)。もちろん、この思想はパレスチナで圧倒的多数を占めるアラブ人たちの住まう場所を奪う結果に繋がりかねず、アラブ人たちはシオニズム思想を脅威と見なしていた。

とはいえ、当時のパレスチナ人口はアラブ人72万に対しユ

第二次大戦期のパレスチナおよび中東方面

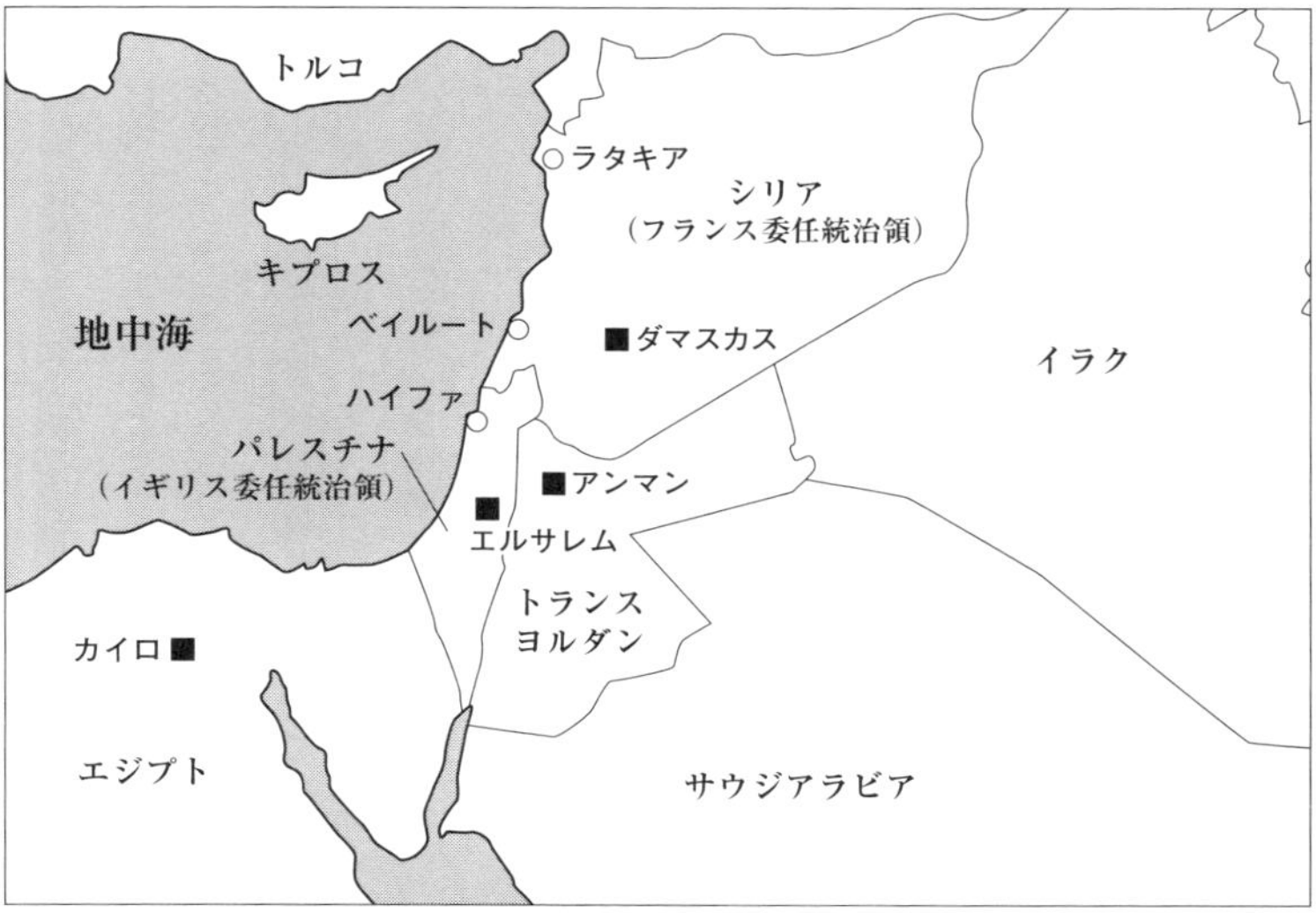

第一次大戦でのオスマン帝国の敗北の結果、中東地域は英仏により分割統治されることとなった。英仏間の調整の結果、シリア(レバノンを含む)はフランスの委任統治領に、パレスチナおよびヨルダンはイギリスの委任統治領となっている。

ダヤ人9万人。実に8：1の比率で、それゆえにアラブ人にとってユダヤ人たちは目に見える脅威ではなく、対立は小さかった。

この均衡が崩れるのはイギリスの委任統治の開始後だった。イギリスは第一次大戦時、世界中のユダヤ人ロビイストの協力を得るために「バルフォア宣言」を発し、パレスチナにおけるユダヤ人居住地建設の支援を約束した。このため第一次大戦後、ヨーロッパからユダヤ人が大挙してパレスチナに入植を開始、瞬く間にその数を増やしていった。

パレスチナのアラブ人とユダヤ人の人口比率は1924年に77万：11万、1931年に88万：17万になり、1940年には111万対46万人になった。このユダヤ人の大量の流入は、ヨーロッパに古くからあるユダヤ人差別や大恐慌による経済困窮、そしてナチス・ドイツやその友好国によるユダヤ人迫害が原因となっている。

パレスチナのユダヤ人指導者たちのほとんどはシオニズムの信奉者だったため、ユダヤ人の人口の増加は望ましいことだったが、ヨーロッパにおける同胞たちの苦境……特にナチス・ドイツによる迫害には心を痛めていた。

一方、アラブ人たちはユダヤ人の急激な人口拡大を脅威に感じていた。ユダヤ人が増えれば増えるほど、パレスチナにユダヤ人国家が成立する可能性が増えてしまう。このため、アラブ人たちは現地のユダヤ人たち、そしてユダヤ人の流入を許すイギリス人たちを攻撃することで自らの権益を守ろうとした。

特に1936年から1939年にかけて起きた暴動（パレスチナ独立戦争、あるいはパレスチナ・アラブ反乱とも呼ばれる）は過去最大の暴動となり、イギリス人250人、ユダヤ人300人、アラブ人5000人が死亡する惨事となった。なお、この暴動の首謀者はエルサレムのイスラム教指導者（大ムフティー）で、後にナチスと結託して数々の悪行に手を染めることになるアミン・フサイニーだった。

アラブ人暴動は、ドイツとの戦争を想定していたイギリスにとって大きな負担となっていた。このため、イギリスはユダヤ人政策の方針を転換。1939年に「ユダヤ人国家の建国の否定」「ユダヤ人の移民の大幅な制限」「それまで規制がなかったアラブ人からユダヤ人への土地売買の規制」を謳った「マクドナルド白書」を発表した。

「マクドナルド白書」はユダヤ人たちに大きな衝撃を与えた。「白書」に従う限り、パレスチナのユダヤ人はナチス・ドイツがヨーロッパのユダヤ人を殺戮するのをただ見ているだけになってしまう。だが、この「白書」を布告したイギリスはドイツの主敵であり、イギリスに対する武力行使はイギリスの国力を削ぎ、結果的にドイツの利益となってしまう。

「白書」の影響が薄まらぬ中、第二次大戦が勃発。この苦しい状況の中、パレスチナのユダヤ人指導者、ダヴィド・ベン＝グリオンは一つの答えを導き出す。

「我々は『白書』がないかのようにドイツと戦い、戦争がないかのように『白書』と戦う」

パレスチナのユダヤ人はイギリスとともにナチス・ドイツとの戦いに全力を投じつつ、「白書」を巡る問題にも別個に全力で立ち向かうという姿勢だった。ナチス・ドイツとアラブ人の脅威が差し迫っている中で、パレスチナのユダヤ人を守るためにはイギリスとの協力が不可欠であり、ベン＝グリオンの言葉は現実的だった。

パレスチナのユダヤ人の指導者、ダヴィド・ベン＝グリオン（写真右）。第二次大戦を通じてイギリスと協調政策を執り、1948年5月14日のイスラエル建国後には初代首相に就任した。左は初代大統領のハイム・ヴァイツマン

かくしてパレスチナのユダヤ人たちはジレンマを乗り越え、ヨーロッパの同胞を救うために戦争に赴くことになったのである。

ナチス・ドイツと戦ったパレスチナのユダヤ人

第二次大戦の勃発時、パレスチナには複数のユダヤ人軍事組織が存在した。

パレスチナ最大のユダヤ人軍事組織はハガナーだった。元々ハガナーは1920年のアラブ暴動で、パレスチナのユダヤ人たちが自分たちのコミュニティを守るために立ち上げた組織で、1930年代末のアラブ暴動時には1万人の現役と3万人の予備役兵力を有していた。もっとも、その参加者のほとんどは村落の農民であり、あくまで専守防衛が基本だった。

ハガナーはイギリスに公式に存在を認められた組織ではなかったが、イギリス軍はアラブ人の反乱を抑えるためにハガナーと協力し、ユダヤ人の治安維持部隊を編成した。中でもイギリス軍将校、オード・ウィンゲートの統率下にあった特別夜戦隊は、小規模な特殊部隊としてパレスチナの各地で活動し、アラブ人暴動の鎮圧に大きく貢献した。

1941年5月14日、ハガナーは常設の軍事部隊としてパルマッハを編成した。パルマッハの原型となったのは前述の特別夜戦隊である。ハガナーは大戦勃発後もパルマッハを中

心にイギリス軍と協力し、数々の作戦に関わっていく。

ハガナーの他には、対アラブ強硬派で組織されたユダヤ民族軍事機構、通称イルグンと、さらにそのイルグンよりも過激な極右派で編成されたレヒがあった。どちらもハガナーの専守防衛姿勢に反対し、積極的な反英闘争・反アラブ闘争に賛同する組織だった。

イルグンは第二次大戦でハガナーとともにイギリスへの協力を認める程度には思想に余裕のある組織だったが、レヒはイギリスを徹底的に主敵として数々のテロ行為を行い、ナチス・ドイツを「妥協が可能な存在」として認めて反英闘争での連携を提案するなどの姿勢を見せたため、民衆の支持をほとんど得られなかった。

ハガナーの協力により、パレスチナでは第二次大戦中に合計で約3万人のユダヤ人がイギリス軍に入隊した。これは、パレスチナ人の入隊数6000人より圧倒的に多く、それだけユダヤ人が戦争に熱意を傾けた証拠でもある。

ハガナーはイギリス軍に協力するかたわらで、いくつもの諜報機関を利用して「白書」で否定された非合法な移民の支援を行った。とはいえ、ナチス・ドイツ支配下のヨーロッパからユダヤ人が難民として脱出するのは容易ではなく、イギリス軍も地中海経由でパレスチナに向かう難民船を追い返したり、捕虜とした難民たちをモーリシャス諸島の収容所に隔離したりするなどの強硬策を採った。行き場のない難民たちの悲劇を目の前で見せつけられるパレスチナのユダヤ人たちは、自らの国家建設こそ同胞の命を救う最良の手段だという思いを強くしていった。

大戦の前半、イギリス軍はハガナーを中東地域での諸作戦に利用した。イスラエルのユダヤ人たちは地元の地理や言語に精通しており、先導役や偵察役に適任だった。

イギリス軍はドイツ語が堪能なユダヤ人（そのほとんどがドイツからの移民）たちを集め、ドイツ軍になりすまして後方に侵入を図る「特別探索グループ」という部隊を編成、ドイツ軍の後方に送り込んだ。同部隊の訓練指導には捕虜収容所に捕らえられていたドイツ人捕虜が関わったため、ドイツ人への「なりすまし」は本格的なものとなり、容易には正体を見

イギリス陸軍のオード・チャールズ・ウィンゲートは英委任統治領パレスチナに赴任後、特別夜戦隊を組織してアラブ暴動の鎮圧に貢献した。第二次大戦開戦後はエチオピア、次いでビルマに赴き、ビルマでは英印軍の特殊空挺部隊「チンディット」を創設、対日戦に投入して日本軍を大いに悩ませている

北アフリカの戦場において後方へ侵入、ドイツ将校を捕虜としたユダヤ人「特別探索グループ(SIG:Special Interrogation Group)」の兵士(の女体化)。ドイツ出身のユダヤ人がドイツ人捕虜の指導を受け、ドイツ軍装を着用して工作を行ったため、露見することなく特殊作戦を度々成功させている。

抜かれなかった。特別探索グループは数々の後方襲撃作戦を成功させたものの、トブルク港への襲撃に失敗して壊滅的な打撃を被り、その後に解散された。

大戦中盤になって北アフリカの戦況が落ち着くと、ハガナーはイギリス軍にユダヤ人による地上部隊の編成を提案。

イギリス軍はこれを受けてユダヤ人旅団を編成した。ユダヤ人旅団は第1～第3歩兵大隊と第２００野戦連隊(王立砲兵)で編成され、合計５０００人のユダヤ人が参加していた。

旅団は１９４４年10月にイタリアに派遣されて、翌年春から開始された連合軍の攻勢に参加、北イタリアのアドリア海沿岸に流れるセニオ川の戦線でドイツ軍と戦闘を繰り広げ、4月末までにボローニャ近郊にまで達した。ドイツの敗戦までに、旅団は83人を失い、200人が負傷した。

ユダヤ人パラシュート・レジスタンス

パレスチナのユダヤ人部隊の中で、もっとも凄絶な戦いを繰り広げたのが、ユダヤ人のパラシュート・レジスタンスたちである。

英第8軍の一員として、チャーチル歩兵戦車とともに北イタリアで戦うユダヤ人旅団の兵士たち。ユダヤ人旅団は約5,000人が従軍、将兵78人がMiB(英軍の殊勲者公式報告書)に記載されるとともに、米軍のもの2個を含む20個の栄誉章を受けるに至っている。

１９４３年、イギリス軍はユダヤ人の諜報機関の一つであるユダヤ機関の要望を受け、ナチス・ドイツの支配下にあるヨーロッパにユダヤ人の特殊工作員を空挺降下させる作戦を開始した。工作員たちの任務は、現地のユダヤ人の生き残りやそれを支援する現地の抵抗勢力（西欧だとレジスタンス、東欧だとパルチザン）たちと連絡を取り、抵抗活動を強化すること、そしてユダヤ人たちの脱出路を確保することだった。当時、ドイツやロシアのユダヤ人たちはナチスによる殺戮の対象になり、救うには遅すぎる対象と思われたが、スロヴァキアやハンガリー、ルーマニアなどの中欧・東欧諸国については、ナチスによるホロコーストの波及がドイツ本土や占領地よりも遅く、工作員たちの手で救えるユダヤ人の数も多いことが期待されたのだった。

ユダヤ機関は数百人規模による作戦を想定していたが、イギリス軍では１１０人しか訓練を受けておらず、最終的にわずか37人が空挺降下やその他の手段でヨーロッパに侵入した。その内訳は、ハンガリー3人、スロヴァキア5人、北イタリア6人、ユーゴスラヴィア10人、ルーマニア9人、ブルガリア2人、フランス1人、オーストリア1人だった。作戦に参加したユダヤ人の多くが派遣された国の出身者であり、その地域の詳細な情報を持っていた。

このうち、ドイツ軍の探索により12人が捕虜になり、７人が過酷な拷問と尋問の末に処刑された。７人のうち３人の遺体が現在のイスラエルの戦死者墓地であるエルサレムのヘルツルの丘に埋葬されており、他の４人の記念碑もそこに置かれている。現在でも彼ら彼女らはイスラエルの英雄として称えられている。

１９４５年5月にドイツの敗戦で第二次大戦は終わったものの、パレスチナのユダヤ人たちの戦いは終わっていなかった。

ナチス・ドイツの支配によって荒廃したヨーロッパの各地には、大幅に数を減らしたユダヤ人の生き残りがホロコーストのトラウマから逃れるべく、イスラエルへの渡航を望んでいた。しかし、それはイギリスの望むところではなく、引き続きイスラエルへの移民は制限されていた。

この状況を変えるべく、パレスチナのユダヤ人兵士たちはユダヤ人難民の救出、反英闘争の開始、ナチスのホロコースト関係者への報復、そして最終目標であるユダヤ人国家イスラエルの建国に向けて、新たな戦いに突入していくのである。

ユダヤ人旅団による
ユダヤ難民救出作戦

“シオニズムの旗の下に”

大戦後のユダヤ人たち　終わらない苦難

ヨーロッパにおける第二次大戦は1945年5月7日、ドイツ第三帝国の降伏によって幕を閉じた。この戦争が終わるまでに、ヨーロッパでは約600万人のユダヤ人がドイツによるユダヤ人への組織的大量殺戮、いわゆるホロコーストによって抹殺された。近代史において、特定の民族が一国家によってこれほどの規模で殺戮された事例は他にない。

大戦の終結によってユダヤ人への殺戮は停止したが、ヨーロッパの地獄めいた状況は続いていた。ヨーロッパには大戦で故郷を追われた700~900万人もの難民がいた。このうち600万人は自国に戻ったが、100万人のユダヤ人の人々は故郷に送還されるのを拒否していた。資料によっては、このうち25万人をホロコーストの直接の生き残りとしている。

ユダヤ人難民の出身地の多くは、ポーランドやバルト三国、ウクライナやユーゴスラヴィアなど、大戦の結果、ソ連あるいはその同盟国の領土となっていた。かつての事例から、ソ連がユダヤ人たちの帰郷を歓迎しないことは目に見えていた（実際、ポーランドでは1945年から1946年にかけて反ユダヤ人暴動が頻発。キルツェでは42人のユダヤ人が殺害され、50人以上が負傷した）。また、大戦で故郷のユダヤ人コミュニティは崩壊し、家は破壊されたり、他人に奪われていたりした。しかも、これらの国々では、非ユダヤ系の多くがナチス・ドイツと結託してその占領統治に協力し、その一環としてユダヤ人の狩り出しに協力していた。そのような記憶が残る故郷になど帰れるはずもなかった。

行き場のないユダヤ人難民は、戦争が終わった後もこれまで通りの場所……その多くが連合国救済復興機関（「UNRRA」＝アンラ）によって設けられた数百カ所の難民「収容所」の中……で暮らしていくしかなかった。

だが、そこでの生活にも苦難が尽きなかった。ヨーロッパ全土で食料や医薬品の不足が蔓延《まんえん》し、難民たちは飢えと病に苦しんでいた。また、連合軍の捕虜となったドイツ将兵たちも収容所に押し込まれた結果、ユダヤ人たちはホロコーストを実行した側の人間たちと暮らすことを強制された。難民キャンプにはユダヤ人をあからさまに嫌う人間たちも住んでおり、ホロコーストのトラウマに苦しむユダヤ人難民にとって、その苦痛は耐えがたいものだった。また、ユダヤ人難民の抗議に対し、UNRRA当局は「ユダヤ人とドイツ人を分け隔てることは、ドイツの人種差別政策を永続させることと同じではないですか」と皮肉を込めて答えたという。

ユダヤ人難民の最後の希望はパレスチナだった。多くのユダヤ人はアメリカへの移住をもっとも望んでいたが、アメリカへの移住許可が下りるのは何年も先の話であり、ユダヤ人たちはそれが待てなかった。ユダヤ人たちが多数居住しているパレスチナに行けば、平和な暮らしを取り戻し、トラウマを払拭できる……。

だが、戦争直後のパレスチナを取り巻く状況は、ユダヤ人難民たちの希望を裏切るものになりつつあった。大戦が連合国の勝利に終わった結果、パレスチナの統治者であるイギリス政府は再びアラブ人とユダヤ人の勢力バランスの維持を重視しはじめ、それまで（大戦への協力者として）厚遇していた現地のユダヤ人たちに冷淡な態度を取りはじめていた。パレスチナへの移民は戦前の「マクドナルド白書」に基づき依然として制限され、また、各国はユダヤ難民の国境通過を許さなかった。

パレスチナのユダヤ人武装組織はイギリスへの怒りを再燃させ、世界大戦がいまだ終わっていない6月にはユダヤ人によるテロが勃発、7月にはイルグンとレヒによる協同作戦も開始された。両者はパレスチナ最大のユダヤ人武装組織で、大戦ではイギリス軍とともに戦ったハガナーでさえも、この状況に追随せざるを得なくなった。

6月23日、ユダヤ人の指導者ダヴィッド・ベン＝グリオンはニューヨークの記者会見において「もしもイギリスが（マクドナルド）白書の政策を続けるなら、私達は『継続的かつ容赦のない武力』をもって対応せざるを得ない」と述べた。

かくして、大戦の終結と同時にユダヤ人による二つの新たな戦いが始まった。一つはヨーロッパでのユダヤ人難民のパレスチナ移住に向けての戦い、もう一つは、パレスチナでのユダヤ人の自治獲得に向けての戦いである。

ユダヤ人旅団の新たな戦い

収容所のユダヤ人難民たちは戦後も続く苦しい状況に座して耐えるのを好まなかった。各収容所の指導者たちはユダヤ人たちの組織化を進め、UNRRAに自分たちを「ポーランド人」や「ロシア人」ではなく「ユダヤ人」だと認めること、パレスチナへの移住を認めることを強く求めた。ユダヤ人難民たちは収容所で集会を行ったり、新聞を発行したりして、シオニズムを目標とする共同体を創り上げた。

この運動はアメリカのユダヤ人知識人たちにアメリカ政府への働きかけをもたらし、結果、現地を視察したペンシルヴェニア大学アール・ハリソン教授の報告に基づき、トルーマン米大統領は１９４５年8月、ヨーロッパのユダヤ人難民を一刻も早くドイツから出国させ、10万人以上のユダヤ人をパレスチナに移住させる必要があることを認めた。トルーマンはイギリスに対し、パレスチナへの移民制限の解除を求めたが、パレスチナ情勢の悪化を恐れるイギリスはこれを受け入れなかった。

こうした状況下、ヨーロッパのユダヤ人難民たちの救済に乗り出す勢力があった。第二次大戦の終盤、イタリアでドイツ軍と戦いを繰り広げたイギリス軍のユダヤ人部隊、ユダヤ人旅団である。

大戦終結の直前、ユダヤ人旅団はドイツ本土に向けてイタリア本土を進撃していたが、これはイギリス軍によって停止された。パレスチナ情勢を気にするイギリスは、これ以上ユダヤ人旅団に犠牲が生じ、パレスチナのユダヤ人たちに「イギリスはユダヤ人の兵士たちを意図的に死に追いやっている」と受け取られることを避けたのだった。ユダヤ人旅団はボローニャ近郊で終戦を迎え、その後、オーストリア国境にほど近いイタリア北部のタルヴィジオに進駐した。

ドイツ本土を目前にしながらドイツに入れない……復讐心にたぎるユダヤ人旅団の将兵たちは切歯扼腕《せっしやくわん》した。イギリス軍としても、暴発の危険があるユダヤ人旅団をドイツ本土に向かわせることはできなかった。

こうした中、ユダヤ人旅団では自発的にドイツ領に侵入し、ドイツ人への復讐を行う部隊が構築された。幸いというべきか、ユダヤ人旅団の駐留したタルヴィジオは交通の要衝であり、西側連合軍だけでなくソ連軍やチトー・パルチザンの人員が多数行き交い、ホロコーストに関わったナチスの人物の情報入手に好都合だった。部隊はこの情報を利用し、ドイツやオーストリアでナチス将校の暗殺に関わった。

部隊は後に「ＴＴＧ」と呼ばれた。「ＴＴＧ」はパレスチナ出身のユダヤ人にだけ理解できる略語で、意味は「俺のケツにキスをしろ」あるいは「クソくらえ」となる。公式には何の意味のない言葉だが、現地の軍において「ＴＴＧ」の三文字は「何かしらの極秘任務を遂行する部隊」を連想させ、「ＴＴＧ」の活動の隠蔽に役立った。

やがて「ＴＴＧ」は方針の変更を余儀なくされる。前述のようにタルヴィジオは交通の要衝であり、連合軍だけでなく、東ヨーロッパからの難民も大量に流れ込む場所だったからだ。そこでユダヤ人旅団は、東ヨーロッパの各地で行われたホロコーストの実態と、いまだ収容所に多数のユダヤ人難民が閉じ込められ、パレスチナへの移住を望みながら苦しい生活を続けていることを把握した。ドイツ人への復讐は重要だが、今生きている同胞の救援よりも優先するべきことではない。「ＴＴＧ」はヨーロッパ各地のユダヤ人のパレスチナ移住を支援する動きを開始した（この支援運動は「ブリハ」と呼ばれた）。「TTG」のユダヤ人旅団の兵士たちは秘密裏にタルヴィジオを抜け出し、各地のユダヤ人の難民収容所や国外脱出を願うユダヤ人コミュニティと接触し、独自の脱出ルートを構築した。脱出には多数の偽造書類が利用された。多くのユダヤ人旅団の将兵がイギリス軍に、ユダヤ人難民が戦時捕虜などに偽装し、偽造書類でもって国境の検問所を突破した。脱出ルートは大きく分けて二つあり、一つはポーランド中央の都市ウッチから西に向かい、ポズナンとシュチェチンを通ってドイツ国内のイギリス軍かアメリカ軍の占領地に入るもの、

ユダヤ人旅団の一部は、ホロコーストに関わったナチス将校への報復、今も収容所に入れられているユダヤ人の救援を任務とする「TTG」を組織し、欧州各地で非合法の活動を行った。イラストは米軍のジープに乗ったイギリス軍とドイツ軍捕虜のふりをし、連合軍の検問を突破するTTGの将兵たち（の女体化）。

もう一つはウッチからカトヴィツェかクラクフに向かい、チェコスロヴァキア、ハンガリー、オーストリアを抜けてイタリアかユーゴスラヴィアに入るルートだった。

「ＴＴＧ」はパレスチナを目指すユダヤ人のために、膨大な量の食料や毛布、衣料品なども用意した。これらの資材にはドイツ軍が遺していった物資が利用されたほか、偽装により入手したイギリス軍の物資も含まれた。「ＴＴＧ」の活動にはパレスチナのハガナーも協力し、また、アメリカのユダヤ人ロビーも活動を資金面で支援した。

「ＴＴＧ」は当初、子供たちを中心とするユダヤ人たちをイタリアに輸送し、その後に大人たちを輸送した。イタリアではパレスチナでの生活に備え、人々はユダヤ・コミュニティでの生活様式や農業を学び、そして兵士になるための訓練を受けた。

「ＴＴＧ」を中心とするユダヤ人旅団の動きはイギリス軍にも察知された。しかし、当時のヨーロッパは戦争終結直後ということもあって混沌《こんとん》としており、また、連合軍も他の難民や捕虜の管理、戦後のドイツ統治、戦犯の処罰などで手一杯で、ユダヤ人旅団の違法な動きにすぐには対応できなかった。

１９４５年7月末、イギリス軍はユダヤ人旅団の難民救助を止めるために旅団をベルギーのブリュッセル近郊に移動させた。本拠地の移転によって「ＴＴＧ」の動きは低調となったが、それでも活動は止まらなかった。また、「ＴＴＧ」は現地で多数の連合軍の武器を入手することに成功し、これをパレスチナに送り込んだ。

最終的に「ブリハ」運動によって、１９４８年までに25万人以上のユダヤ人が、イタリアをはじめとするヨーロッパ各地からパレスチナに船で渡った。その多くは途中イギリス軍によって洋上で検挙され、キプロス島の仮収容所などに収容されたが、最終的にはほとんどの難民がパレスチナの地を踏むことに成功した。また、アメリカのトルーマン大統領の働きかけでアメリカ国内の難民移住制限が緩和され、１９５２年までに10万人以上のユダヤ人がアメリカへと移住した。

なお、ユダヤ人旅団はこの「ＴＴＧ」の活動以外にも、ナチス将校への報復を目的とする秘密組織「ナカム」（ヘブライ語で「復讐」を意味する言葉）の活動に関わったと言われているが、今回の本題とは外れるため、こちらの紹介はまたの機会としたい。

パレスチナ内戦の始まり

ユダヤ人旅団のヨーロッパでの暗躍にリンクするかのように、パレスチナでは１９４５年以降、ユダヤ人による反英・反アラブ闘争が激化、これに応じる形でアラブ側の闘争も激しくなり、パレスチナは事実上の内戦状態に陥った。大戦によって疲弊したイギリスに、もはやパレスチナを維持する力はなく、１９４７年2月、パレスチナの統治を国際連合に委託することを決定した。9月、イギリスは１９４８年5月14日に委任統治の終了を発表。11月、国際連合はユダヤ人に大幅に有利な条件でのパレスチナ分割案を発表し、これをユダヤ人たちは歓呼で、アラブ人は猛反対で迎えた。

かくしてパレスチナの状況はイギリスによる統治からユダヤ人とアラブ人勢力の全面対決へと移行し、イスラエルの独立と第一次中東戦争の勃発へとつながっていくのである。

ホロコーストから奇跡的に逃れたものの、帰る場所もなく、収容所に押し込められていたユダヤ人難民たち。彼らを救い、パレスチナへの“帰還”を促すのがTTGの活動の一つだった。イラストはユダヤ人難民の少女から感謝の花を渡され、涙ぐむTTGの兵士。

フランスのユダヤ人救済者たち

〝もう一つの「フランスの戦い」〟

ヴィシー・フランスのユダヤ人たち

よく知られているように、第二次大戦序盤の1940年6月、フランスはドイツに屈服した。フランスは伝統的な対ドイツ戦略に従ってベルギー北部での防衛戦を目指したが、ドイツ軍はベルギー、オランダ方面にフランス軍主力とイギリス大陸派遣軍を誘引した後、ベルギーの主防御線とフランスの要塞であるマジノ線の間隙に当たるアルデンヌの森から戦車部隊を突進させて、フランス軍の背後を取り、そのまま英仏海峡へと突進、フランス軍とイギリス軍を包囲してしまった。

英仏両軍は総崩れになり、わずかな人員がイギリスに脱出。主力を失ったフランスに抵抗を続ける力はなく、6月14日にパリが陥落、6月22日に独仏で休戦協定が結ばれた。この結果、フランスの北部はドイツ軍の占領下となり、南部はフランスのペタン元帥率いる親独政権、いわゆるヴィシー政権に統治されることになった。ヒトラーはあえてフランス政府に自治の余地を与えることで、フランス国民のプライドを満たし、将来の対独協力を期待したのだった。

ペタン率いるヴィシー政権はその期待に応えざるをえなかった。南部の自治は許されたものの、強大なドイツ軍に再

第二次大戦期の欧州方面とヴィシー・フランス

1940年6月、フランスとドイツとの間に仏独休戦協定が締結されると、フランス北部および大西洋岸はドイツ軍占領下に置かれ、中南部はヴィシーを首府とするヴィシー・フランス政権の施政下に置かれた。1942年11月、枢軸軍の北アフリカ撤退に伴い、ドイツとイタリアによる占領作戦(「アントン」作戦)が実施され、ヴィシー・フランス政権は崩壊した。

度の抵抗を試みるなど夢物語でしかなかった。以後、ヴィシー政権はその終幕まで、対独協力を国家の軸に置き続ける。ヴィシー政権の対独協力の姿勢については現在も論争が続いているが、少なくとも同政権がドイツに大きな貢献を果たしたことは確かだ。

対独協力を決意したヴィシー政権の姿勢は、フランス在住のユダヤ人にとって巨大な災厄の始まりを意味していた。

フランスがドイツに屈服した時、フランス本土には約33万人、フランス領北アフリカには約37万人のユダヤ人が住んでおり、このうち18万人がパリ在住だった。また、前者のうち20万人はフランス国籍で、残りの13万人がドイツから亡命した者や中欧・東欧からの移民のユダヤ人だった。

戦争当時のフランス人の大部分にとり、ユダヤ人は人種差別の標的ではなかった。前述の通り、多数のユダヤ人が一般のフランス人として生活していたからだ。フランスにはかつてのドレフュス事件（※1）に代表される反ユダヤ主義が根強く残っていたが、それを熱心に信奉するものはごく一部であり、また、政策に大きく反映されることもなかった。フランス人たちのもっぱらの敵意は自分たちの仕事を奪う外国人労働者に向けられており、その意味では中欧・東欧からのユダヤ人の流入は歓迎されておらず、戦前のエリート層からも、外国人としてのユダヤ人の排除が声高に叫ばれていた。

ヴィシー政権はドイツの進める反ユダヤ政策を十分に理解していた。ヴィシー政権は１９４０年7月から翌年にかけて「自主的」に、国内のユダヤ人、特に外国人ユダヤ人の市民権を剥奪する法令を次々に発した。ヴィシー政府は、まずは自国にとっての害悪である、ユダヤ人を含む外国人を排除することで、他の国内ユダヤ人たちを生き残らせようとしたと言える。この結果、１９４０年末には4万人以上のユダヤ人を含んだ外国人労働者が収容所に送られることになった。強制収容所に入れられたユダヤ人たちは、その後順次、東欧の絶滅収容所に送られて殺害されていった。

一方、フランス市民としてのユダヤ人も、報道機関や産業職、公務員、学生、弁護士、陸軍、医師などから次々に排除されていった。フランス全土のユダヤ人への締め付けは日を追うごとに厳しくなり、１９４１年1月29日には、ヴィシー・フランスによりフランス・ユダヤ人総連合が設立された。これは北部の占領地域、南部の自治地域の双方に支部を持つユダヤ人組織で、言ってみればフランスの全ユダヤ人の動向を把握し、統制するために、各ユダヤ人組織を一本化したものだった。フランス・ユダヤ人総連合は海外ユダヤ人の締め出しに協力したが、一方で国内のユダヤ人への支援に尽力。１９４３年10月にゲシュタポに組織が乗っ取られるまでこれを続けた。

（※1）…1894年、フランス軍のユダヤ人砲兵大尉アルフレド・ドレフュスがスパイ容疑で逮捕され、禁固された冤罪事件。真犯人が見つかったにも関わらず、ドレフュスの再審がなかなか行われず、当時の社会問題となった。

こうしたヴィシー政府やドイツの方策に積極的な抵抗を行う組織も出現した。その代表は外国人労働者の共産主義労働組合、MOIだった。MOIはすでに戦前に非合法化されて地下に潜っていたフランス共産党員、そしてソ連の協力を得て、武力闘争の準備を開始した。MOIの構成人員のほとんどは外国人労働者で、多数のユダヤ人が参加していた。MOIは1942年春から同年末にかけて、都市部でいくつものテロ攻撃を実施した。

聖職者たちの戦い

フランスの屈服から約2年間、フランスの市民の多くはユダヤ人救済に目を向けなかった。激動する日々の生活に必死で、他者に興味を持てる余裕のある者は少なかったからである。また、外国人のユダヤ人を除き、フランス市民としてのユダヤ人は（多数の社会的制約を受けてはいたものの）生存の権利までは脅かされておらず、大きな社会からは隔離されていなかった。ユダヤ人たちは、強制収容所に放り込まれた者たち以外は、どうにかフランスの市民として生き延びていた。また、ヴィシー政府は公式にはユダヤ人の移動を制限しておらず、手段を尽くせば海外に、つまりはスペインやスイスなどの中立国に逃れることができた。

こうした空気が一変するのは、1942年夏のことだった。

同年1月20日、ベルリンのヴィンゼー河畔におけるナチス親衛隊の邸宅で、ユダヤ人問題の「最終的解決」についての会議がヒトラー政権の高官たちの間で開かれ、全ヨーロッパのユダヤ人の絶滅、およびその手段としての奴隷労働の強制や絶滅収容所での大量殺戮が決定された。これを受けて6月、ヴィシー政権とドイツ占領軍当局はユダヤ人10万人の輸送の割り当てを命じられ、その協力を約束した。これにより7月以降、フランス各地でフランス警察によるユダヤ人の一斉検挙が行われることになった。この作戦は「春の嵐」と名付けられた。

フランスの首都パリでは、この検挙が最も盛んに行われた。特に7月16日から17日にかけて行われた一斉検挙では、パリのユダヤ人1万3152人が駆り集められ、そのうち4115人が子供だった。検挙されたユダヤ人の多くはその後5日間、パリの冬季自転車競技場ヴェロドローム・ディヴェールに閉じ込められ、炎天下の下、食料もトイレも与えられない中で地獄の責めを受けた。その後、そのほとんどがアウシュヴィッツをはじめとする東欧の絶滅収容所に送られた。生存者は100人に満たない大人だけだったという。

さらに1942年11月、ドイツは連合軍の「トーチ」作戦によるフランス領北アフリカの失陥を受け、「アントン」作戦を発動、フランス南部の占領を行った。これによりペタンのヴィシー政権は有名無実となり、事実上、フランスの自治権は失われた。

悪化の一途を辿る状況の中、明確に抵抗の意思を示したのがフランスのキリスト教聖職者たち、特にカトリック左派やプロテスタント指導者だった。前者は、ナチスとヴィシー政権の差別的な政策が他の宗教的マイノリティに対しても行われることを防ぐため、後者は、伝統的な教会指導者層への非難の機会としてこれを行ったという。もっとも、彼らの多くはキリスト教の伝統的な隣人愛精神を胸に秘め、それに従って行動していた。

聖職者によるユダヤ人救済の方法は様々だが、その多くが、

ユダヤ人子女を匿っているフランスのプロテスタント教会にドイツ兵たちが訪れた様子。修道女はにこやかに対応しているが、いざとなれば抵抗できるよう、修道服の下に拳銃を隠し持っている。対独協力を行っていたヴィシー・フランスでは、キリスト教会関係者により多くのユダヤ人たちが匿われ、ナチス・ドイツの魔手から逃れて第二次大戦を生き延びている。

このままでは検挙されるのを待つだけのユダヤ人を匿《かくま》ったり、海外への逃亡を手助けするという手段で行われた。牧師たちはフランスに存在した数多くの慈善団体と協力し、このユダヤ人救済を全国規模で行っていた。情報を得たゲシュタポは多数の牧師たちを投獄したが、救済の動きは止むことがなかった。

ユダヤ人の救済の動きは、特にプロテスタント系の牧師や信者たちの間で積極的だった。特に南仏ロアール県の山中にあったル・シャンボン＝シュル＝リニョン村では、現地の牧師アンドレ・トロクメを中心に村全体が一つとなってユダヤ人の救済を行い、人口5000人ほどしかいない村の中に終戦までに3000〜5000人ものユダヤ人、特に子供たち

ル・シャンボン＝シュル＝リニョン村でユダヤ人たちを匿った牧師、アンドレ・トロクメ（後列左）とその妻、マグダ（後列中央）

を匿うという離れ業をやってのけた。この偉業により、同村の人々の名は現在、イスラエルのホロコース救済者記念館「ヤド・ヴァシェーム」に「有徳の人」として名を連ねている。

ヴィシー政権のユダヤ人統合組織のフランス・ユダヤ人総連合もゲシュタポによる占領により役割を終えたが、関係者は地下に潜り、ユダヤ人の救済に駆け回った。MOIもドイツ軍や警察の攻撃で損害を受けつつ抵抗を続けた。

ユダヤ軍の戦い

1943年になると、フランス各地で反独組織のレジスタンスの活動が活発化した。レジスタンスの多くは都市部でサボタージュや破壊工作を行うことでドイツに抵抗したが、中にはマキ（※2）のように、山岳地帯を本拠地とした実戦的な活動でドイツ軍に打撃を与えようとするものもあった。このため、ドイツ軍はマキを殲滅するべく各地で掃討作戦を実施、一般市民を巻き込んだ凄惨な戦いが繰り広げられた。

こうした中、ユダヤ人によるマキも誕生し、レジスタンス部隊として戦列に加わった。その名も「ユダヤ軍」である。

ユダヤ軍は南部フランスのトゥールーズに住んでいたアブラハム・ポロンスキーによって組織された。アブラハムは、ユダヤ人のパレスチナへの帰還と同地におけるユダヤ人国家の設立を目指すシオニストの一員だった。フランスの戦時下

（※2）…ドイツ占領下のフランスで多数結成された抵抗（レジスタンス）組織。主にヴィシー・フランスの徴用を逃れた若者たちにより成立し、人里離れた森や山岳地帯を根拠地として、ドイツ軍に対する破壊行動、米英連合軍に対する協力活動を行った。10ページ参照。

の状況は彼のようなシオニストにとって大きな危機だったが、同時に大きなチャンスでもあった。フランス在住のユダヤ人をスペインに脱出させ、さらにそこからパレスチナに逃れさせることができれば、それは将来の帰還事業の拡大につながる。

当初、ユダヤ軍の役割は強制収容所に投獄されたユダヤ人の支援などに限られていたが、1943年からは元フランス軍将校のユダヤ人、ジャック・ラザロを招いて軍事教練を開始。急速に実戦部隊として成長していき、ドイツ軍への破壊工作、ユダヤ人難民のスペイン、スイスへの脱出支援などを

ユダヤ民族を象徴する「ダビデの星」の旗と、ユダヤ人によるマキ「ユダヤ軍」の兵士（の女体化）。彼らは強制収容所のユダヤ人の支援、また、ユダヤ人難民の中立国への脱出支援などを行いつつ、戦闘部隊としての教練も実施、特にノルマンディー上陸作戦（1944年6月）後には、ドイツ軍部隊を攻撃するなど、激しい抵抗運動を行った。

役割に付け加えていった。ユダヤ軍はイスラエルのシオニズム組織と密接に関わっており、その資金はアメリカのユダヤ系慈善救済組織「アメリカ・ユダヤ人協同配給委員会」から流れ込んだ（スペインへの脱出は、ドイツ軍の国境警備をすり抜ける必要があり、そのためには現地の密輸入業者の支援を得るために高額の金を払わなければならなかった）。

ユダヤ軍はいくつかの小部隊を編成し、マキの一部としてドイツ軍と戦いを繰り広げた。中でも有名なのはモンターニュ・ノワールで編成されたトランペルドール小隊で、この部隊は約数十人のユダヤ人で編成され、連合軍のフランス上陸を受けて後退するドイツ軍と激しい戦いを繰り広げた。

第二次大戦中、フランス本土ではホロコーストにより8万3000人のユダヤ人が失われた。これはフランス本土にいた全ユダヤ人の約25％に当たる人数だった。また、生き残ったユダヤ人のうち、5万人がスペインやスイスに脱出し、大半が子供である2～3万人が、ユダヤ人ではない一般市民に匿われて終戦まで過ごした。残りのユダヤ人は、様々な手段により市民に溶け込んで暮らしていたと見るべきだろう。

生存率約75％という数値は、ヨーロッパにおけるホロコースト生存率として比較的高く、意図的かどうかは別として、ヴィシー政権および現地のドイツ軍のユダヤ政策が相対的に厳しくなかったこと、また、フランス人のユダヤ人救済が手厚かったことを意味している。犠牲者の多くは海外のユダヤ人であり、それをスケープゴートに難局を乗り切ったとも言えなくはないが、とはいえ本質的な意味においては、フランス人のホロコーストへの抵抗は決して無駄ではなかったと断言できるだろう。

フランスのレジスタンス組織のサボタージュにより、パリ～トゥールーズ間の線路を走る列車が脱線している様子。ヴィシー・フランスおよびドイツ占領下のフランスにおいて、ユダヤ人を含むレジスタンス組織は南部山岳地帯や都市部に潜み、ドイツに対する抵抗運動を継続した

アジアへのエクソダス❶ 上海のユダヤ難民とその支援組織

ユダヤ難民と戦前の上海

1933年、ドイツではアドルフ・ヒトラーが指導するナチス（国家社会主義ドイツ労働者党）が政権を握った。ナチスは反ユダヤ主義を主要な政策の一つとして掲げていて、政権掌握後、ナチスによるユダヤ人への迫害政策が次々と実行された。1935年にはニュルンベルク法が制定され、ユダヤ人は公民権を失い、公職から追放され、民間での迫害も激化した。1938年にはドイツのオーストリア併合によりユダヤ人迫害はオーストリア全土に拡大、1939年には「水晶の夜」と呼ばれる暴動で各地のユダヤ人が暴力や焼き討ちに晒された。

ナチスはユダヤ人迫害を強めると同時に、ユダヤ人の国外への退去を奨励した。少なくとも戦前において、ナチスにとってユダヤ人（と彼らがみなした人々）はドイツ自身の手による抹殺の対象ではなく、国外に追放すべき者たちだった。

これを受け、多数のユダヤ人が住み慣れた故郷を離れ、海外への脱出を決めた。1933年から終戦までにドイツ本国から移住したユダヤ人は34万人以上に上る。

太平洋戦争開戦前夜の太平洋方面と上海

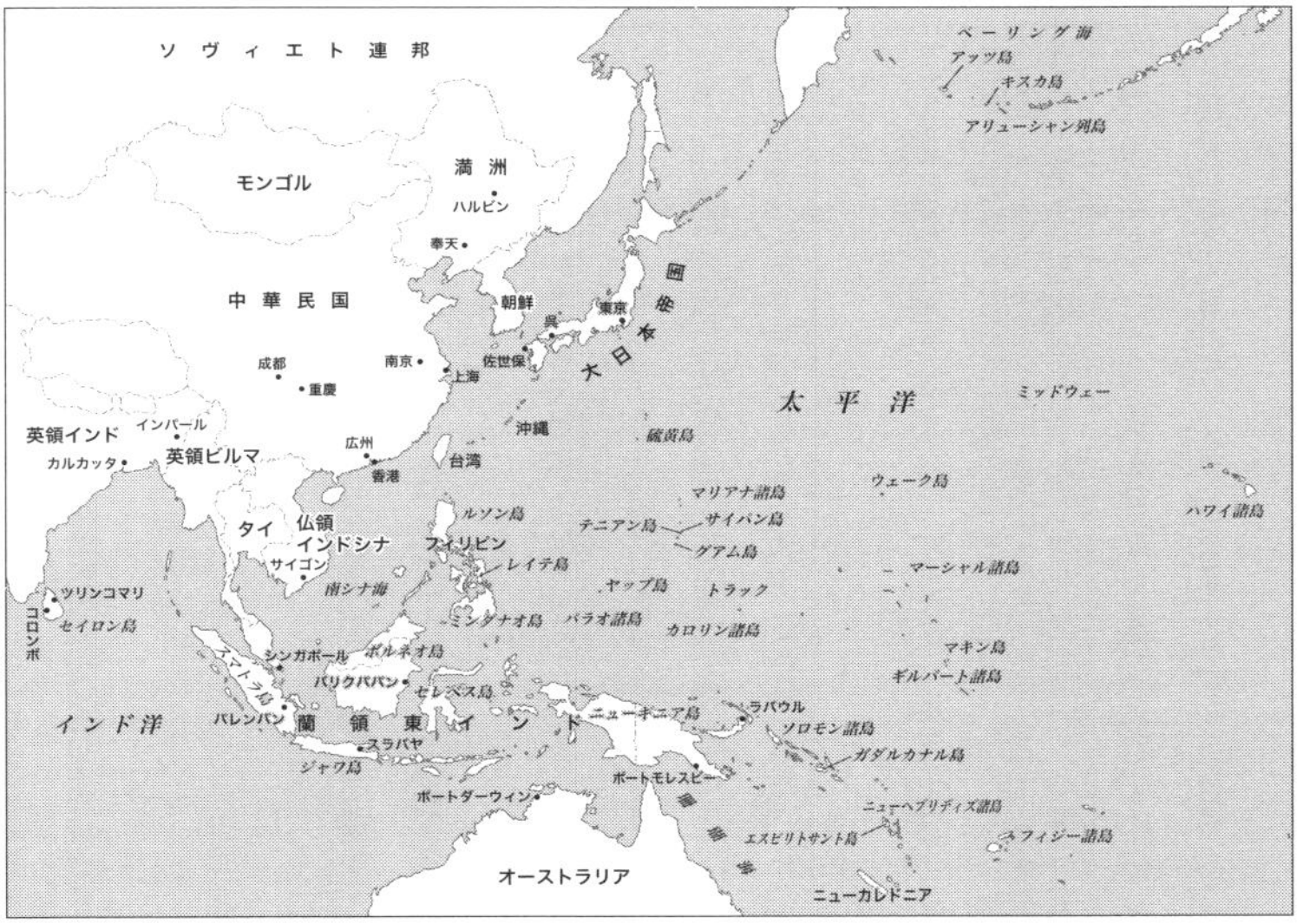

中華民国の上海は米英をはじめとする欧州各国が租界を築く国際都市だったが、1937年8月13日には第二次上海事変が勃発、同年7月7日の盧溝橋事件を発端に起きた北支事変とともに日中両軍の全面衝突、支那事変（日中戦争）へ発展した。事変は長期化し、米英はいわゆる援蒋ルートを通じて中華民国を公然と支援、そのルート切断が日本の対米英蘭開戦の動機の一つとなった。

このナチス・ドイツのユダヤ人国外追放政策は遠からず破綻する運命にあった。第二次大戦の勃発とそれによるドイツのポーランド占領、ソ連侵攻により、ドイツは自国の領内に膨大な数のユダヤ人を抱え込むようになり、同時に現実的に追放が可能な「国外」を失っていった。このため、ナチスはユダヤ人の「追放」ではなく「抹殺」に舵を切り、結果的に膨大な数のユダヤ人の殺害に至る恐るべき「最終的解決」へと向かっていく。

大戦勃発以前にドイツからの国外脱出を目指したユダヤ人たちにも苦難が降りかかった。当時、ヨーロッパ各国は不況の影響でユダヤ難民の受け入れを制限しており、入国のためのビザを入手することが困難だった。移民大国であるアメリカでさえ難民の流入を制限していた。

こうしたユダヤ難民たちにとって微かな希望の光の一つとなったのは、中国大陸の沿岸都市、上海への脱出コースだった。

当時、上海は中華民国の勢力圏にありながら、1842年の南京条約により、イギリスやアメリカ、フランス、そして日本などの列強各国が支配する租界(外国人居留地)が存在していた。租界は各国からの投資により発展を遂げ、1920年代には上海はアジア有数の大都市となっていた。しかし、1932年の第一次上海事変、1937年の(日中戦争の発端の一つとなった)第二次上海事変により日本の支配権拡大が続き、太平洋戦争勃発後はすべての租界が日本に接収された。

こうした結果、上海において中華民国は司法権を持っておらず、日本および日本の中国傀儡《かいらい》政府も上海についての外交環境を整えていなかったため、上海はヨーロッパのユダヤ難民にとって唯一の、ビザなしで入ることができる他国の領土となっていた。

このため、多くのユダヤ人が上海を目指すことを決め、ドイツやイタリア、そして日本などが運営する欧州~アジア航路の豪華客船で上海に向かった。このうち、ドイツの上海行き航路は第二次大戦が勃発した1939年9月に、イタリアの航路はイタリアが大戦に参加した1940年6月に、日本の航路も欧州の情勢悪化を受けて同年10月に停止したが、それまでに約1万8000人のユダヤ人がヨーロッパから上海に逃れることができた。ただ、ユダヤ人のほとんどは、ドイツ脱出時に私財をドイツに没収されてしまっており、海外渡航へのハードルは高かった。

このうち輸送の主力となったのは、イタリアの船会社の航路である。ユダヤ人を運んだ豪華客船の中には、太平洋戦争中に日本と米国の人員交換船となり、イタリア降伏後は日本海軍に拿捕《だほ》されて舞鶴に回航された「コンテ・ヴェルデ」号も含まれている。ヨーロッパから上海への航路は4～9週間の日程となり、この落ち着いた船旅の中で多くのユダヤ人たちが、祖国で受けた迫害で負った心の傷を癒し、ユダヤ人同士の結びつきを深め、それを上海での生活に役立てたという。

上海への脱出は、ヨーロッパの人道的な外交官たちにも支援された。特にオーストリアのウィーンに駐在していた中国人外交官、何鳳山《かほうざん》は、オーストリアの強制収容所に捕らわれたユダヤ人たちを海外に脱出させるため、多数の中国ビザを発行した。前述の通り、上海への移住にビザは不要だったが、強制収容所から逃れるためには海外行きのビザが必要で、何鳳山にとっても上海行きは名目に過ぎなかったという。

何鳳山のユダヤ人救済の動きは、当時ドイツから軍事支援を受けていた中華民国の外交政策と矛盾するものだった。何鳳山は1940年5月に罷免され、中国に帰国したが、それまでに最低でも2000人、おそらくは数千人のユダヤ人が彼によって救われたと言われている。

また、有名なリトアニアの日本領事館に勤務した杉原千畝《ちうね》領事代理が発行した日本通過ビザ、いわゆる「命のビザ」で東欧を脱し、シベリア鉄道でアジアに向かい、日本に辿り着いたユダヤ人たちの一部も、日本から海路で上海へ向かったと言われている。

ドイツによる併合（アンシュルス）後のオーストリア・ウィーンに中華民国領事として赴任していた何鳳山（1901年9月10日～1997年9月28日）。ユダヤ人に向けて上海に入境可能なビザを2,000通近く発給、数千人を救ったことから「中国のシンドラー」とも称される

リトアニアのカウナス領事館に領事代理として勤めていた1940年7月～8月、ユダヤ人難民に対して日本通過ビザを発給した杉原千畝。当時の外務省の方針に反するこの行動により、杉原は戦後に退官をなかば強いられ、日本政府による“名誉回復”がなされたのは2000年（平成12年）であった

上海のユダヤ難民救済組織と「ジョイント」

こうしたユダヤ難民を上海に迎え入れたのが、現地上海で戦前から暮らしていたユダヤ人のコミュニティだった。戦前、上海には約４５００人のユダヤ人が生活していた。

戦前の上海ユダヤ人には二つの系統があった。上海が開港された当初から上海で活動していた西欧のユダヤ富豪たち、通称「セファルディ」（約５００人）と、ロシア革命の前後に難民としてロシアを離れ、上海に辿り着いた「アシュケナジー」（約４０００人）である。数はアシュケナジーが多かったが、セファルディには当時の上海で財力を誇ったサッスーン家やハルドゥーン家が含まれていた。

ユダヤ難民が上海に到着し始めた時、いくつかの小規模な組織が対応に当たったが、１９３８年8月、セファルディ系の組織として、国際欧州難民救済委員会（ＩＣ）が設立された。委員会は無国籍となったユダヤ人のために、身分証明書の発行や個人データの保存、難民への低利のローン提供など、次々に支援の手を打った。この組織の財源は、ほとんどセファルディ系のサッスーン財閥の援助をあてにしていた。同年10月には、この国際欧州難民救済委員会と他のユダヤ人救済組織を統合し、上海欧州ユダヤ難民援助委員会（ＣＦＡ）が設立された。

ただ、この国際欧州難民救済委員会は、その成り立ちゆえかユダヤ難民を下に見ることが多く、難民たちには評判が悪かった。上海欧州ユダヤ難民援助委員会にしても、上海の各ユダヤ人コミュニティの軋轢《あつれき》の中で動かなければならず、内部に問題を抱えていた。加えて、数が増えるばかりのユダヤ難民に対し、両者の資金は全く不足していた。

この結果、上海に到着したユダヤ難民は、様々な苦難の中で生存を図ることになった。

例えば住居については、前述の通り上海は大都市であり、すでにかなりの人口を抱えていたため、ユダヤ難民たちは支援組織が提供したキャンプ地か、租界内に設けられた路地の長屋に住まうことになった。同じ理由により労働力も飽和しており、新たな雇用は低賃金の仕事しかなかった。食料事情も深刻で、多くのユダヤ人が日々の食料を無料の配給に頼った。衛生環境も悪く、多くのユダヤ人は中国人と同じように「壺」のトイレで用を足さねばならず、これを屈辱的に感じたという。彼らの多くはヨーロッパの母国の都市で現代的な生活をしていた人々であり、いくら都市化が進んでいたとはいえ、路地裏に入れば中国文化が根付いた前近代的な生活空間が広がる上海で生活をするにはかなりの忍耐が必要になった。

加えて、１９３８年以降、上海のユダヤ難民たちの数は急増し、既存のユダヤ人、そしてユダヤ難民の生活さえも脅かされつつあった。

こうしたユダヤ人たちにとっての救いとなったのが、一般に「ジョイント（ＪＯＩＮＴ）」と呼ばれるアメリカのユダヤ人組織だった。「ジョイント」は1914年、「アメリカ・ユダヤ共同配給委員会」の名で設立された組織で、第一次世界大戦における戦地のユダヤ人救済のために設立された。「ジョイント」の活動は第一次大戦の終結とともに縮小されたが、ナチス・ドイツの台頭とともに再拡大し、当時は世界最大規模のユダヤ人救済組織として活動していた。「ジョイント」は1940年の段階で、上海のユダヤ難民が必要とする収入の9割程度を送金していた。

苦しい生活の中でも、ユダヤ難民たちは仕事を見つけ、お互いに助け合いながら生き抜こうとしていた。ユダヤ人が多

イタリアの客船「コンテ・ヴェルデ」に乗り、上海を目指すユダヤ人家族。「コンテ・ヴェルデ」は1938年から40年にかけて1万7000人のユダヤ人難民を上海へ送り込んだ。なお、「コンテ・ヴェルデ」はイタリアの第二次大戦参戦に伴って帰国できなくなり、イタリア降伏後は上海で自沈、浮揚後に日本海軍に接収されて輸送船「壽（ことぶき）丸」と改名された。その後、1945年5月8日に舞鶴港で米軍の攻撃により沈没、戦後に再び浮揚されてイタリア政府へ返還されたが、スクラップ処分されるという数奇な運命を辿っている。

く暮らした上海の船山路周辺にはユダヤ教会堂（シナゴーグ）を中心に商店やカフェなどが立ち並び、「リトル・ウィーン」の名で活況を呈した。

ローラ・マーゴリスの戦いと「上海ゲットー」

1941年5月、上海に一人の女性が到着した。名前はローラ・マーゴリス。「ジョイント」が上海に派遣した同組織の代表者である。

マーゴリスの目的は上海におけるアメリカ領事館のビザ発給を手助けするほか、ユダヤ難民救済を統括することにあっ

上海共同租界（上海バンド）の西欧風の街並みを背景に立つ、「ジョイント」アメリカ・ユダヤ共同配給委員会の女性スタッフ、ローラ（ラウラ）・マーゴリス。「ジョイント」は米英からの資金を元に上海のユダヤ人難民に対する支援を行っていたが、太平洋戦争の勃発により資金供給が途絶した。そこでマーゴリスは日本の当局と交渉、ユダヤ人難民への資金供給を継続させることに成功している。

た。当時、上海のユダヤ難民救済組織の活動は限界に達しており、またその内部でも、「ジョイント」からの寄付金の分配を巡り、内部抗争が激化していた。

マーゴリスは独ソ戦の勃発の影響で一時的にマニラに退避した後、再び上海に戻った。マーゴリスは上海欧州ユダヤ難民援助委員会と12月初めに接触、同組織の再建に合意した。しかし12月8日、太平洋戦争が勃発。マーゴリスをはじめとする難民救済組織の指導者たちは敵性国民となり、さらにアメリカからの資金供給もストップしてしまう。上海そのものも物理的に孤立。このままでは、上海のユダヤ難民たちは資金不足で飢餓に陥りかねない。

マーゴリスは上海における日本側の代表者で、ユダヤ難民問題に関わっていた犬塚惟重《これしげ》海軍大佐と接触、現在のユダヤ難民の窮状を伝え、上海のユダヤ人に対する資金調達を実施する許可を願った。犬塚大佐は上海欧州ユダヤ難民援助委員会の再編成などを条件にこれを承諾した。その後もマーゴリスは精力的に活動し、1943年夏までに資金の恒常的な調達を可能とした。ただし、マーゴリスは9月に日米交換船で米本土に送還された。

1943年2月、日本軍は上海のユダヤ難民に対し、「リトル・ウィーン」を含む上海北部の日本人居留区（虹口区《こうこう》）の指定地域に移動するよう命じた。いわゆる「上海ゲットー」の設置である。この措置により、1万8000人のユダヤ人が上海の一部区域に押し込まれ、これまで以上に悪化した環境の中での生活を余儀なくされた。しかし、「ジョイント」を中心とする各支援組織の活動と資金調達は続けられ、多くのユダヤ難民たちは食料の不足や劣悪な衛生状態に苦しみながら、どうにか命を繋いでいた。

終戦時、上海は中華民国の支配下となり、ユダヤ難民たちは海外からの援助再開と支援組織の再建により一時の安息を得られた。しかしその後、国共内戦という新たな戦火が近づいたことで上海からの脱出が急務になった。難民の上海脱出は1946年7月に開始され、1950年までに1万6000人が移動、難民の多くはアメリカやイスラエルに新天地を求めた。最終的に1960年代初頭までに、上海でのユダヤ人への支援活動は終了した。

上海のユダヤ難民たちは、紆余曲折《うよきょくせつ》はあったとはいえ、現地の支援組織の尽力と、「ジョイント」をはじめとする海外からの援助、そして自らの努力といくつかの幸運により、大戦を生き抜くことに成功したのである。

アジアへのエクソダス❷ 日本のユダヤ難民とその支援組織

戦前日本のユダヤ人社会

第二次大戦が始まる直前まで、大日本帝国はユダヤ人(ユダヤ教徒)、あるいはユダヤ人に関わる様々な問題(難民問題やパレスチナの領土問題、ユダヤ人のパレスチナ帰還を促すシオニズム運動など)にあまり手を付けなかった。その最大の理由は、日本国内にユダヤ人がほとんどいなかったことだろう。

戦前、日本で最大の国際都市は神戸だった。1940年頃、神戸には約3000人の欧米人が住んでおり、このうち200~300人、50家族ほどがユダヤ系だったという。

神戸のユダヤ系住民は大きく分けて二種類があった。中東・西ヨーロッパ出身のセファルディ系のユダヤ人と、東欧出身のアシュケナジー系のユダヤ人である。このうち、アシュケナジー系のユダヤ人の多くは、20世紀初頭において戦争や革命が続いたロシアから亡命したユダヤ人たちだった。神戸のアシュケナジー系の家族は30家族ほどだったという。1912年、アシュケナジー系のユダヤ人アナトール・ポ

太平洋戦争開戦前夜の太平洋方面と日本

1930年代、日本陸軍の安江仙弘大佐、海軍の犬塚惟重大佐や財界の有力者が中心となり、欧州のユダヤ人難民を満洲国に招き入れ、ユダヤ人自治区を建設する計画が推進された。ユダヤ人たちの持つ資本や政治力(特にアメリカに対する影響力)を当て込んだ計画で、「河豚計画」(フグは美味だが、一歩間違えれば猛毒となることが由来)と称されたが、日独伊三国同盟の締結と第二次大戦の勃発により頓挫している。

ネヴェスキーによって、同系ユダヤ人の団体「神戸ユダヤ共同体」が作られた。共同体の活動内容は判然としないが、おそらくは神戸のユダヤ人家族の相互扶助や情報共有、宗教儀式の実施などが目的だったと思われる。

「アメリカ合衆国ホロコースト記念館」ホームページによると、アナトール・ポネヴェスキーはシベリアのイルクーツク生まれのユダヤ人だったという。1930年、ポネヴィスキーは兄弟とともに満洲のハルビンに移住し、日本からウール製品の輸入業を始めた。1935年、ポネヴィスキーは輸出業立ち上げのために日本に向かい、その後、家族を迎え入れて神戸に住むようになり、神戸の山本通りに借りた建物にシナゴーグや「神戸ユダヤ共同体」の事務所を造った。

現在、神戸に残るユダヤ教シナゴーグ(関西ユダヤ教団)は、戦後の1970年に日本在住のセファルディ系ユダヤ人によって建立されたもので、このアシュケナジー系のシナゴーグとは系譜としては交わらない。戦前にもアシュケナジー系のシナゴーグが神戸にあったと言われている。

出身地の違いや経済力の違いにより、神戸のアシュケナジー系ユダヤ教徒とセファルディ系ユダヤ教徒の関係はあまり深くなかったと言われている。また、同じ理由により、一般的にアシュケナジー系は戦前において親日的、セファルディ系は親英的で、前者は日本への献金など国家支援に積極的だった。とはいえ、セファルディ系と比べて財力・政治力に劣るアシュケナジー系が日本政府の好意を得るために動くことは自然な流れと言える。一方で、アシュケナジー系ユダヤ人の多くは祖国を追われた人々であり、難民の苦難は我が身が味わった苦難でもあった。

この結果、後述する日本に来航したユダヤ難民支援の中心となったのは、ポネヴェスキー率いるアシュケナジー系の人々となった。

日本を目指すユダヤ難民たち

1930年代のドイツではナチスが政権を握り、ユダヤ人迫害の政策を強めていた。1935年にはニュルンベルク法の制定によってユダヤ人は公民権を失い、公職から追放され、民間での迫害も激化した。1939年には「水晶の夜」と呼ばれる暴動で各地のユダヤ人が暴力や焼き討ちに晒された。

ナチスはユダヤ人迫害を強めると同時に、ユダヤ人の国外への退去を奨励、ナチス政権はユダヤ人を排除するとともにその財産を奪うことを目論んでいた。これを受け、多数のユダヤ人が故郷を離れ、ほとんど無一文の状態での海外への脱出を決めた。1933年から終戦までにドイツ本国から移住したユダヤ人は34万人以上に上る。

戦前・戦中を通し、ヨーロッパのユダヤ人が脱出先として選んだアジアの都市は主として上海だった。上海租界はビザなしで入国できる数少ない場所で、このため多数のユダヤ人が上海に押し寄せていたが、当時上海は日中戦争によって事実上の日本の統治下となっており、治安維持の阻害要因となりえる難民の流入には神経を尖らせていた。

1937年3月、満洲において「オトポール事件」が起きる。この事件ではまず、ソ連・満洲国境のシベリア鉄道の駅・オトポールに、上海に向かうユダヤ人たち18人が到着。その後、ユダヤ人たちは満洲国への入国を希望したが、満洲国側がこれを拒否し、難民たちはオトポールで立ち往生を強いられた。

当時の満洲には5000人程度のユダヤ人がハルビンを中心に暮らしていた。満洲のユダヤ人指導者の一人、アブラハム・カウフマンはオトポールでの出来事を聞きつけ、当時ハルビンの特務機関長だった樋口季一郎少将に相談した。樋口はハルビン特務機関長としてユダヤ人社会とつながりを持っており、満洲随一のアジア通で、ユダヤ人の満洲国定住計画「河豚《ふぐ》計画」の構想者の一人である安江仙弘陸軍大佐とも懇意だった。二人は1937年12月に開かれた「第一回極東ユダヤ人大会」に招かれて参加、樋口はドイツのユダヤ人迫害政策を間接的に批判する祝辞を口にした。

カウフマンから相談を受けた樋口はすぐに満洲国政府に掛け合い、ソ連からの難民の満洲国通過、および上海への渡航を実現させた。その後もこのルートによる難民は増え続けたが、樋口はこれに対応し続けた。樋口は人道の面からユダヤ人の脱出を手助けしたが、一方では、日本や満洲の発展に貢献するユダヤ人たちを探し当てたいという、いわゆるユダヤ利用論の一面もあったと言われている。

樋口少将が開拓したルートによって満洲国を経由して脱出したユダヤ人難民の数は判然とせず、最小で100~200人、最大で2万人とされている（最近の研究で、後者はほぼ否定されている。また、樋口少将自身は回想で「数千」と表現している）。

1938年12月、増加するユダヤ難民への対応として日本政府は「猶太（ユダヤ）人対策要綱」を制定した。この要綱は前述の安江仙弘大佐の私案が源流となっている。要綱の趣旨は、ユダヤ人を他の外国人と同等に扱い、理由なく排斥しないこと、難民については一般の外国人渡航者と同等に扱い、積極的な受け入れは行わないこと等となっている。

この要綱は、事実上の日本政府によるユダヤ難民の渡航禁止の表明だったが、一方でユダヤ人の積極的排斥を目論むドイツの意向におもねることなく、あくまで日本の国益を追求する現実的な内容だったとも言われる。

リトアニア、カウナスの日本領事館で発給された日本通過ビザを携え、シベリア鉄道に乗るユダヤ人家族。シベリア鉄道は1916年に全線開通したモスクワ〜ウラジオストク間を結ぶ鉄道で、第二次大戦期は欧州から極東に至る主要な民間交通路の一つだった。いわゆる“命のビザ”を受け取ったユダヤ人の多くが、シベリア鉄道でウラジオストクにたどり着き、船便で日本海を渡って日本の敦賀（福井県）に到達した。

杉原千畝の「命のビザ」発給

1939年9月、ドイツはポーランドに侵攻を開始、第二次大戦が勃発し、ドイツはポーランドに住むユダヤ人への大規模な迫害を開始した。また、ポーランドは後に参戦したソ連によって東西に分割占領された。

独ソによるポーランド分割は、隣国リトアニアへのポーランド難民の流入を招いた。さらに9月、ソ連はバルト三国に侵攻、リトアニアを占領し、自国に併合したことで、リトアニアの各国の大使館は次々に閉鎖に追い込まれた。ソ連がユダヤ難民をどう扱うかについては予断を許さない状況であり、一刻も早い国外退去が必要だった。しかし、祖国を追われた難民たちがソ連国外に脱出するには、海外渡航を可能とするビザが必要となる。

当時、リトアニアのカウナスでは、日本の領事館がいまだ活動を続けていた。ワルシャワ出身の弁護士で、当時リトアニアのユダヤ難民たちのリーダーとなっていたゾラフ・バルハティクは難民の国外脱出の手段の一つとして、「キュラソー・ビザ」というアイデアを生み出した。これはオランダが南米に持っていた植民地、キュラソーとオランダ領ギアナ(現スリナム)への入国にビザが不要だという事実を利用して、オランダ領事に「キュラソー、ギアナに入国ビザは不要」という証明を書いてもらい、「キュラソー、ギアナを目指す」という名目で出国を果たそうというものだった。しかし、本当にキュラソー、オランダ領ギアナへの入国にビザが不要だとしても、ソ連から両地へ移るには通過ビザが必要になる。バルハティクはこの通過ビザの入手手段として日本の領事館に通過ビザの申請を行った。日本を経由してならば、海路でソ連以外に脱出が可能になり、最終的には上海、北米などの安全な場所に辿り着ける。

この方策に従い、1940年7月、日本の領事館に多数のユダヤ難民たちが通過ビザの発給を求めて押し寄せ始めた。

当時、カウナスの日本領事館は、外交官の杉原千畝によって運営されていた。杉原はヨーロッパにおけるユダヤ人の窮状を理解しており、この件についても人道上の理由から無視できないと判断、「キュラソー・ビザ」が一種のハッタリであることを知りながら、これを受けて日本の通過ビザの発給を決意した。

杉原は日本の領事館が退去を余儀なくされる9月まで通過ビザを発給し続けた。発給作業中、日本の外務省からは条件不備のユダヤ人たち多数が日本に到着したとして注意が舞い込んだが、杉原はあの手この手で煙に巻き、自らの行動を法の枠内にとどめつつ作業を続けた。

杉原の行動の裏には、ヨーロッパでの諜報活動で協力関係にあったポーランド参謀本部の関係者の脱出ルート確保という目的があったともされているが、政治的・軍事的な動機だけでは自身の身を危険に晒して(杉原はナチス・ドイツやソ連からも目を付けられていた)、ここまでのことをする必要はなく、そこには純粋な善意があったと見て間違いはないだろう。

日本郵船とジャパン・ツーリスト・ビューローそして敦賀と神戸

1940年7月、ヨーロッパからの最初の難民の波が日本

欧州を逃れて日本に到着したユダヤ人たちは、日本を通過して上海や米国へ渡ったが、その滞在にも関係者や支援機関の働きかけがあった。また、彼らは短い滞在期間で日本人と交流を持ち、中には日本人家庭を訪れて和服に身を包み、日本文化に親しんだ者もいた。イラストは日本の着物を着付けてもらい、喜ぶユダヤ人少女。

に押し寄せた。この最初の波となったユダヤ人たちはドイツ出身者が中心で、その数は3000人以上だと言われている。続いて10月からは、「キュラソー・ビザ」や杉原の発給した日本通過ビザを持ったリトアニアやポーランドのユダヤ難民たちも到着した。難民たちの多くは、シベリア鉄道でソ連を東に向けて横断し、ウラジオストクで船舶に乗り換え、日本海沿岸の敦賀に降り立った。

無事に日本に辿り着いたとしても、ユダヤ難民たちの苦難はまだ続いた。日本通過ビザだけでは、日本に滞在が許可される日数は短くて3日、長くて二週間ほどしかなかった。この短い時間だけで次の滞在国を見つけたり、移動手段を工面することは不可能だった。また、敦賀、そしてユダヤ人たちが多く住む神戸に多数のユダヤ人たちが流入したことで、治安上の問題も生じつつあった。

ここで動いたのが、アナトール・ポネヴェスキー率いる神戸のアシュケナジー系ユダヤ人組織だった。ポネヴェスキーは日本の著名なユダヤ人学者、小辻節三に問題解決の助力を願った。小辻は外務省に掛け合って黙認を取り付けた上で神戸の自治体(警察)を動かし、ユダヤ難民の長期滞在を可能とした。

さらにポネヴィスキーはニューヨークのユダヤ系慈善団体「ユダヤ共同配給委員会」、通称「ジョイント」にも支援を要請する電報を打った。「ジョイント」はこれに応え、多額の資金を提供した。ポネヴィスキーはこの資金を用い、敦賀や神戸にユダヤ人の滞在場所や食料を提供した。神戸の役所との折衝も行った。

アメリカのユダヤ系難民支援組織「HIAS」もこの支援に加わり、ユダヤ難民のウラジオストクから日本の敦賀、神戸への移動手段として、日本の外国人向け旅行会社であるジャパン・ツーリスト・ビューロー(※)に船舶の手配を、アメリカの商社を通じて依頼した。これを受け、ジャパン・ツーリスト・ビューローは日本海汽船所有の「天草丸」などを手配し、ユダヤ人を日本に送り届けた。また、日本から北米などへの輸送には、日本郵船がユダヤ難民組織の要請によって協力し、「氷川丸」「新田丸」「平安丸」「日枝丸」などの豪華客船が彼らを運んだ。上海への輸送には「大洋丸」などが参加した。

ユダヤ難民たちは滞在先の敦賀や神戸で、多くの日本人と交流することになった。敦賀や神戸は、常に死の危険があった東ヨーロッパやソ連と比べれば天国のような場所で、多くのユダヤ人が日本や日本人に対して好意的な印象を持ったと言われている。また、少なくない数の日本人が彼らの境遇に同情し、献身的な支援を行った。

日本から他国へのユダヤ難民の移動は1941年秋までに終了した。それまでに数千名のユダヤ人が日本を経由してアメリカやカナダ、上海に向かい、そのほとんどが第二次大戦を生き延びることができた。このうち、どの程度のユダヤ人が杉原の発給した日本通過ビザを利用したかは判然としないが、少なくともその数は2000人以上に上るとされる。

(※)…後に財団法人東亜交通公社に改組、戦後、財団法人日本交通公社と改称する。1963年に分離・民営化された株式会社日本交通公社は、改称して株式会社JTBとなった。

参考文献【アジア編】

■フィリピン・ゲリラ❶
池端雪浦『日本占領下のフィリピン』(岩波書店、1996年)
鈴木静夫『物語 フィリピンの歴史』(中央公論新社、1997年)
佐藤喜徳『集録「ルソン」第5号』(比島文庫、1987年)
藤田相吉『ルソンの苦闘 秘録比島作戦 従軍一将校の手記』(蛍光社、1973年)
アジア歴史資料センター『「ナカール」中佐捕縛詳報 昭和17年10月3日』
Stacey Anne Baterina Salinas & Klytie Xu『Philippines' Resistance: The Last Allied Stronghold in the Pacific』(Pacific Atrocities Education,2017年)

■フィリピン・ゲリラ❷
池端雪浦『日本占領下のフィリピン』(岩波書店、1996年)
独歩一六五大隊史『比島派遣守備隊戦記』(南十字会、1978年)
熊井敏美『フィリピンの血と泥 太平洋戦争最悪のゲリラ戦』(時事通信社、1977年)
本咲利国『死闘900日 比・パナイ島の対ゲリラ戦』(ヒューマン・ドキュメント社、1990年)
久津間保治『防人の詩 ルソン編 悲運の京都兵団証言録』(京都新聞社、1982年)
佐藤喜徳『集録「ルソン」第一集・第六集・第七集』(比島文庫、1988〜1995年)
「曙光」(曙光会)関連号
Stacey Anne Baterina Salinas & Klytie Xu『Philippines' Resistance: The Last Allied Stronghold in the Pacific』(Pacific Atrocities Education,2017年)

■フィリピン・ゲリラ❸
鈴木静夫『物語 フィリピンの歴史』(中央公論新社、1997年)
ルイス・タルク『フィリピン民族解放闘争史』(三一書房、1953年)
全国憲友会連合会『日本憲兵正史』(研文書院、1976年)
藤岡明義『敗残の記 玉砕地ホロ島の記録』(創林社、1979年)
奥村達造『ホロ島戦記』(私家本、1980年)
佐藤喜徳『集録「ルソン」第六集・第七集』(比島文庫、1988〜1995年)
「曙光」(曙光会)関連号

■フィリピン・ゲリラ❹
鈴木静夫『物語 フィリピンの歴史』(中央公論新社、1997年)
吉村昭『海軍乙事件』(文藝春秋、1982年)
佐藤喜徳『集録「ルソン」』(比島文庫、1988〜1995年)関連号

■フィリピン・ゲリラ❺
大岡昇平『レイテ戦記』(中央公論社、1971年)
リロアン会『リロアン 船舶工兵第一野戦補充隊の足跡』(リロアン会、1990年)
佐藤喜徳『集録「ルソン」』(比島文庫、1988〜1995年)関連号
Stacey Anne Baterina Salinas & Klytie Xu『Philippines' Resistance: The Last Allied Stronghold in the Pacific』(Pacific Atrocities Education,2017年)

■マラヤ人民抗日軍
明石陽至『日本占領下の英領マラヤ・シンガポール』(岩波書店、2001年)
リー・クーンチョイ『南洋華人 国を求めて』(サイマル出版会、1987年)
本田忠尚『茨木機関潜行記』(図書出版社、1988年)
日本の英領マラヤ・シンガポール占領期史料調査フォーラム『インタビュー記録 日本の英領マラヤ・シンガポール占領 1941〜45年』(龍溪書舍、1998年)
後藤乾一『アジアの基礎知識6 日本の南進と大東亜共栄圏』(めこん、2022年)
ポール・H・クラストカ『日本占領下のマラヤ 1941-1945』(行人社、2005年)

参考文献【ユダヤ人にまつわる抵抗運動編】

■東ヨーロッパのユダヤ人パルチザン
ウォルター・カラー『ホロコースト大事典』(柏書房、2003年)
マイケル・ベーレンバウム『ホロコースト全史』(創元社、1996年)
ネハマ・テック『ディファイアンス ヒトラーと闘った3兄弟』(講談社、2009年)
ウェブサイト「ホロコースト百科事典」(アメリカ合衆国ホロコースト記念博物館)https://www.ushmm.org/
ウェブサイト「JEWISH PALTISAN EDUCATIONAL FOUNDATION」http://www.jewishpartisans.org/

■パレスチナのユダヤ人レジスタンス
■ユダヤ人旅団によるユダヤ難民救出作戦
ダニエル・ゴーディス『イスラエル 民族復活の歴史』(ミルトス、)
ハワード・ブラム『ナチス狩り』(新潮社、2003年)
マイケル・ベーレンバウム『ホロコースト全史』(創元社、1996年)
ウェブサイト「ホロコースト百科事典」(アメリカ合衆国ホロコースト記念博物館)https://www.ushmm.org/
ウェブサイト「JEWISH PALTISAN EDUCATIONAL FOUNDATION」http://www.jewishpartisans.org/

■フランスのユダヤ人救済者たち
モルデカイ・パルディール『キリスト教とホロコースト』(柏書房、2011年)
ウォルター・カラー『ホロコースト大事典』(柏書房、2003年)
渡辺和行『ホロコーストのフランス 歴史と記憶』(人文書院、1998年)
稲葉千晴『ヤド・ヴァシェームの丘に ホロコーストからユダヤ人を救った人々』(成文社、2020年)

■アジアへのエクソダス❶
上海のユダヤ難民とその支援組織
丸山直起『太平洋戦争と上海のユダヤ難民』(法政大学出版局、2005年)
榎本泰子『上海 多国籍都市の百年』(中央公論新社、2009年)
ウルスラ・ベーコン『ナチスから逃れたユダヤ人少女の上海日記』(祥伝社、2006年)
モルデカイ・パルディール『ホロコーストと外交官 ユダヤ人を救った命のパスポート』(人文書院、2015年)
阿部吉雄「資料調査:ユダヤ難民の船舶による上海渡航」『言語科学』第53号、2018年3月
ウェブサイト「ホロコースト百科事典」(アメリカ合衆国ホロコースト記念博物館)https://www.ushmm.org/

■アジアへのエクソダス❷
日本のユダヤ難民とその支援組織
金子マーティン『神戸・ユダヤ人難民 1940-1941』(みずのわ出版、2004年)
北出明『命のビザ、遥かなる旅路』(交通新聞社、2012年)
山田純大『命のビザを繋いだ男 小辻節三とユダヤ難民』(NHK出版、2013年)
古江孝治『杉原千畝の実像』(ミルトス、2020年)
ウェブサイト「ホロコースト百科事典」(アメリカ合衆国ホロコースト記念博物館)https://www.ushmm.org/

あとがき

本書の元になった連載記事は、雑誌「MC☆あくしず」における「枢軸の絆」の後発として企画されたものです。
きっかけとしては、「枢軸の絆」の記事執筆において、多数の枢軸同盟軍が前線後方でゲリラやレジスタンスと死闘を繰り広げたことを知り、枢軸軍のそうした「後方の主役」だけでなく、連合軍のそうした「後方の主役」を知ることができれば、戦争というものを立体的に眺められるようになるのではないか、と思ったことでした。

とはいえ、ゲリラやレジスタンスというと、一般的にはいわゆる「勝ち組」であり、「枢軸の絆」では存在した判官びいき的な読後感は期待できず、本当にこんな連載が続けられるのか……と自信がなかったのですが、幸いにして(?)打ち切りは食らわず、約30回の連載を続けることができ、今さらながらにほっとしています。

残念ながら連載では、アジアで最大のゲリラ戦が展開された日中戦争下の中国大陸については言及できませんでした。これについてはいずれの機会としたく思います。

連載中で記憶に残っていることというと、ちょうどウクライナ編の連載中にロシアによるウクライナ侵攻が始まったことです。ウクライナの民族主義者たちの抵抗の話を書いている時に、まさにウクライナという国家やウクライナの人々の存亡や自由を賭けた戦いが始まるとは……さすがに精神的なショックは免れませんでした。

まえがきにも記した通り、「光」と「闇」が共にあるバンデラが、英雄として称えられるようになった現状には複雑な心境にならざるを得ませんが、それでも、彼らの「光」が、いつ終わるとも分からない「闇」の中にいるウクライナの人々の「光」になるのなら……と、個人としては肯定的に捉えています。

不法な侵略者に対して、戦うことが正義なのか、恭順することが正義なのか、どちらが勝っても報復を受けないように上手に立ち回るのが正義なのか。歴史という答えのない道の中で、あえて戦いの道を選び、流血を覚悟した人々の記録が、今を生きる人々の何がしかの道しるべになればと思っています。

本書はたくさんの方の助力で上梓にこぎ着けました。特にイラストを担当した※Kome先生には多大なご尽力をいただきました。誠にありがとうございます。ゲリラやレジスタンスといった人々の活躍を魅力的なイラストで描いた※Kome先生の類稀なる才能には脱帽するほかありません。

イカロス出版の担当編集の武藤様にもいろいろとお世話になりました。また、約30回も連載を続けられ、さらにこうして単行本として発表できたのは、多くの読者の皆様の応援のおかげと思っています。深く御礼申し上げる次第です。

加えて、本書の記事執筆には多数の文献やインターネット資料を参考とさせていただいており、その全ての執筆者・編者・訳者などの関係者の方々に深謝します。

本書で記したたくさんの悲劇が、二度と繰り返されないことを祈ります。

2025年2月　内田弘樹

初出一覧

フランス・レジスタンス……MC☆あくしずVol.55（2019年12月）
ノルウェー・レジスタンス……MC☆あくしず Vol.56（2020年3月）
デンマーク・レジスタンス……MC☆あくしず Vol.60（2021年3月）
イタリア・パルチザン❶……MC☆あくしず Vol.48（2018年3月）
イタリア・パルチザン❷……MC☆あくしず Vol.49（2018年6月）
ユーゴスラヴィアのチトー・パルチザン❶……MC☆あくしず Vol.45（2017年6月）
ユーゴスラヴィアのチトー・パルチザン❷……MC☆あくしず Vol.46（2017年9月）
ユーゴスラヴィアのチトー・パルチザン❸……MC☆あくしずVol.47（2017年12月）
チェコ・レジスタンス……MC☆あくしず Vol.57（2020年6月）
スロヴァキア・レジスタンス……MC☆あくしず Vol.58（2020年9月）
ハンガリー・レジスタンス……MC☆あくしず Vol.61（2021年6月）
ポーランド国内軍❶……MC☆あくしず Vol.72（2024年3月）
ポーランド国内軍❷……MC☆あくしず Vol.73（2024年6月）
ベラルーシ・パルチザン❶……MC☆あくしず Vol.53（2019年6月）
ベラルーシ・パルチザン❷……MC☆あくしず Vol.54（2019年9月）
ウクライナのパルチザンと民族主義者たち❶……MC☆あくしず Vol.62（2021年9月）
ウクライナのパルチザンと民族主義者たち❷……MC☆あくしずVol.63（2021年12月）
ウクライナのパルチザンと民族主義者たち❸……MC☆あくしず Vol.64（2022年3月）
フィリピン・ゲリラ❶……MC☆あくしずVol.67（2022年12月）
フィリピン・ゲリラ❷……MC☆あくしず Vol.68（2023年3月）
フィリピン・ゲリラ❸……MC☆あくしず Vol.69（2023年6月）
フィリピン・ゲリラ❹……MC☆あくしず Vol.70（2023年9月）
フィリピン・ゲリラ❺……MC☆あくしず Vol.71（2023年12月）
マラヤ人民抗日軍……書き下ろし
東ヨーロッパのユダヤ人パルチザン……MC☆あくしず Vol.50（2018年9月）
パレスチナのユダヤ人パルチザン……MC☆あくしずVol.51（2018年12月）
ユダヤ人旅団によるユダヤ難民救出作戦……MC☆あくしず Vol.52（2019年3月）
フランスのユダヤ人救済者たち……MC☆あくしずVol.59（2020年12月）
アジアへのエクソダス❶ 上海のユダヤ難民とその支援組織……MC☆あくしず Vol.65（2022年6月）
アジアへのエクソダス❷ 日本のユダヤ難民とその支援組織……MC☆あくしず Vol.66（2022年9月）

内田弘樹（うちだ ひろき）

仮想戦記「幻翼の栄光」（有楽出版社）でデビュー。主な著作に「どくそせん」「枢軸の絆」「日の丸を掲げたUボート」（イカロス出版）、「シュヴァルツェスマーケン」（ファミ通文庫）、「艦隊これくしょん -艦これ- 鶴翼の絆」「機甲狩竜のファンタジア」（富士見ファンタジア文庫）、「ミリオタJK妹！」（GA文庫）、「ゼロ戦エース、異世界で最強の竜騎士になる！」（原作／少年チャンピオン・コミックス）がある。

●イラスト　※Kome
●装丁・本文デザイン・DTP　くまくま団 二階堂千秋
●編集　武藤善仁

抵抗の絆 Band of RESISTANCE

2025年3月20日　初版第1刷発行

著　者　　内田弘樹
発行人　　山手章弘
発行所　　イカロス出版株式会社
〒101-0051 東京都千代田区神田神保町1-105
contact@ikaros.jp（内容に関するお問合せ）
sales@ikaros.co.jp（乱丁・落丁、書店・取次様からのお問合せ）
印刷・製本　株式会社シナノパブリッシングプレス

Printed in Japan　ISBN978-4-8022-1585-5